前沿科学探索

可控核聚变

◎钟云霄 著

河北出版传媒集团
河北科学技术出版社

图书在版编目（CIP）数据

可控核聚变 / 钟云霄著. ——石家庄：河北科学技术出版社，2019.1
（前沿科学探索）
ISBN 978-7-5375-9742-5

Ⅰ．①可…　Ⅱ．①钟…　Ⅲ．①受控聚变-青少年读物
Ⅳ．①TL6-49

中国版本图书馆 CIP 数据核字（2018）第 221308 号

可控核聚变

钟云霄　著

出版　河北出版传媒集团　河北科学技术出版社
地址　石家庄市友谊北大街 330 号（邮编：050061）
经销　新华书店
印刷　北京兴星伟业印刷有限公司
开本　700 毫米×1000 毫米　1/16
印张　14
字数　100 000
版次　2019 年 1 月第 1 版
印次　2019 年 1 月第 1 次印刷
定价　39.00 元

人类进入到了 21 世纪，电灯、电话、手机、电脑，各色各样的电器，层出不穷；大卡车、小轿车在马路上飞跑；燃气为我们烹饪美味佳肴提供便利。21 世纪的年轻人，感到一切是那么自然，那么唾手可得。电灯开了常常忘了关，水龙头整天在滴水而无所谓，反正这不是什么大事，多付一点钱，一切都 OK 了。

人类能过上舒适的生活，一切都离不开能源。没有能源，不可能有电器，不可能有自来水，汽车不可能在路上跑，生米不可能变成熟饭。孩子们必须懂得能源来之不易，要从小知道珍惜能源。

为了获取能源，多少科学家花费了毕生的精力！为了争夺现有能源，人类相互之间不惜钩心斗角，甚至发动战争。

地球上有各种各样的能源，但很多能源是有限的，总有用完的一天。现在，科学家们追求的最新能源是"人造小太阳"，也就是在实验室中实现"受控热核反应"。

把制造"人造小太阳"提上科学日程，并不是科学家的异想天开，而是科学发展到现阶段的必然结果。

"人造小太阳"有一个很大的优点，它要是被做成了，人类就再不用愁能源的枯竭了。

"人造小太阳"还有一个更大的优点，它是一种最干净的能源，没有任何污染。如果有一天这种能源用来发电，我们的汽车都改成电动的，那将是一个多么美妙的景象，大气将不再有雾霾污染，我们将永远生活在清新的环境中。

这本书将从人们意识到能源问题开始，给青少年朋友们介绍人类发展史上，人们如何为能源而奋斗，又如何将追求目标最后指向了"人造小太阳"；人类要达到这个目标，又还面临着多少困难！

青少年朋友们！从事科学工作是很艰苦的，但也是趣味无穷的。将"小太阳"控制在实验室里已经曙光在望，但还存在许许多多很难克服的困难。我很希望读了这本书的青少年朋友，有人会毅然加入到这科学行列来，为人类实现"人造小太阳"而贡献自己的力量。

钟云霄

2018 年 8 月

目录

一　永动机的幻想

● 要省力必须用机器 …………………………………… 001

● 早期的永动机 …………………………………………… 004

● 电磁永动机与天外来客 ……………………………… 008

● 不可违背的自然规律 ………………………………… 010

二　终将枯竭的化石能源

● 烟雾缭绕的柴火 ……………………………………… 015

● 埋藏在地下的宝藏 …………………………………… 018

● 新中国石油工业的崛起 ……………………………… 021

● 能源诱发的世界热点 ………………………………… 028

● 化石资源的枯竭 ……………………………………… 035

三　发现巨大能源的前奏

● 点石成金的幻想 ……………………………………… 039

● 一个伟大的母亲 ……………………………………… 042

● 难道世上真的有"秦皇照胆镜" ················· 043

● "这个镭，我爱它，也怨它。" ················· 047

● 放射性元素放出的射线到底是什么 ············ 049

四 原子核的发现

● 科学工作中的"鳄鱼" ······················· 052

● 在一天之中由物理学家变成了化学家 ········· 055

● 推翻老师的原子模型 ······················· 057

● 魔瓶中的魔鬼被渔夫放出来了 ··············· 061

● 人工放射性的发现 ························· 065

五 伟大的时刻

● 能给老师开课的学生 ······················· 067

● 中国科学家的骄傲 ························· 070

● 两个穿着肮脏工作服的"运动员" ············ 072

● 获得超铀元素的愿望 ······················· 076

● 欧洲三个著名实验室的对垒 ················· 080

● 不能轻视小人物的建议 ····················· 083

● 划时代的发现 ····························· 085

● 顶级科学家自称是白痴 ····················· 090

六 科学被卷入第二次世界大战

● 巨大的能源与巨大的威胁 ··················· 096

目录

● 第二次世界大战迫在眉睫 ………………………………… 097
● 为什么德国没有造出原子弹来 …………………………… 098
● 德国科学家的良苦用心 …………………………………… 100
● 英、美、法科学家在努力与法西斯赛跑 ……………… 103

七 千方百计让裂变炉燃烧起来

● 火种与燃烧 ………………………………………………… 107
● 理论的威力 ………………………………………………… 111
● 分离铀 235 的麻烦 ………………………………………… 113
● 必须要有使裂变中子减速的装置 ……………………… 115
● 指数堆的巧妙设计 ………………………………………… 117
● 如何控制"裂变炉" ……………………………………… 121

八 蘑菇云冲上了天空

● 原子弹是如何做成的呢 …………………………………… 124
● 为控制原子弹而献身的年轻科学家 …………………… 125
● 科学家们反对使用原子弹 ……………………………… 126
● 蘑菇云震撼了制造它的科学家 ………………………… 129
● 终于用原子弹结束了战争 ……………………………… 131
● 科学家们的内疚 …………………………………………… 135

九 用巨大的能源为人类服务

● 在艰苦条件下成长的我国科学家 ……………………… 137

● 为制备物资、培养人才作不懈努力 …………………… 141
● 我国的蘑菇云终于升上了天空 …………………… 145
● 和平利用核能的曙光——核电站 …………………… 147
● 核电站的安全问题 …………………… 149
● 能源！能源！人类还需要寻找新的能源 …………… 151

十 太阳的光辉与氢弹的威力

● 远古祖先与太阳的斗争 …………………… 154
● 太阳的温度与化学成分是如何知道的 …………… 157
● 太阳的能量从哪里来的呢 …………………… 160
● 太阳的年龄有多大了 …………………… 162
● 点燃氢弹的"火柴"是什么 …………………… 163
● 从保密到公开再到国际合作 …………………… 167

十一 把小太阳用磁场笼子关起来

● 如何做磁场笼子 …………………… 170
● 让磁力线成直线怎么样——角向收缩装置 ……… 174
● 让电流成直线怎么样——Z 向收缩装置 ……… 175
● 让磁力线两端收缩怎么样——磁镜装置 ………… 177
● 将放电管做成环状闭合装置 …………………… 178
● 最成功的磁场笼子——托卡马克 …………………… 183

十二 把小太阳做成小丸子

● 神奇的炮弹——激光 …………………… 189

目录
CONTENTS

● 首先提出激光打靶的科学家 ……………………… 194

● 巨大的"神光"装置 …………………………………… 195

● 激光轰击靶丸后发生了什么 …………………… 199

● 必须考虑的两个问题 ……………………………… 200

● 黑洞靶或炮球靶 …………………………………… 206

● "快点火"方案 ……………………………………… 209

● 小靶丸聚变热机 …………………………………… 211

● 磁压缩与磁化靶 …………………………………… 213

一、永动机的幻想

我们生活在地球上，无处不需要能量。工厂里机器转动，马路上汽车飞跑，晚上电灯亮起来，都需要能量。城市里的能量是靠电供应的，一旦断了电，工厂就会停工，自来水也会停了。没有了工厂加工的米、面，没有了水，城市居民无法生活，城市就要瘫痪。

有意思的是，断了电，对偏僻的落后的山村影响就要小得多，因为那儿的很多工作都还是用人力或牛马完成的。只要用人力摇动辘轳，水就能从深井中提取上来，用人力或牛马拉起磨，就能把麦子磨成白白的面粉……

●要省力必须用机器

人类在劳动中，会想各种各样办法来使自己省力。譬如说，人们会利用一块小石头来垫起自己的木棒，用比较小的力气把很重的石头撬起。要将水从深井中提上来，摇动一个辘轳要比直接提桶省力得多。这与孩子们都喜欢玩的跷跷板类似，一个比较重的成年人，只要他坐在离支点比较近的地

省力的杠杆

方，一个小孩就能把他抬起来。这些其实就是杠杆原理。图中小石头作为木棒的支点，大石头距支点近，人手距支点远，因而用很小的力就能把大石头撬起。提水的辘轳省力的道理也相同，人力离轴心的距离比水桶重力离轴心的距离大，因而可以用比较小的力提上一桶水。在平地上要移动一重物，只靠推，非常费劲，因为物体与地面的摩擦力很大，但一个圆筒推着滚就很省力，因为滚动摩擦力很小，聪明的搬运工人会在重物下面垫上一些滚木，能工巧匠做起各种车

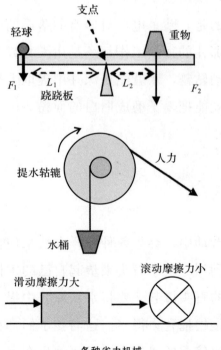

各种省力机械

子，都是利用滚动摩擦力小的原理。

人们想了很多省力的办法，但没有人力还是不行，车还要人拉，水还要人提，磨还要人推，当然有些可以让牛、马去做。慢慢人们也了解到有些大自然的力量是可以代替人力做工的，从高山上下泄的溪水，可以让它冲到机叶上，推动机器转动；空旷地区的风，可以吹动风车转动，代替人力来做工。

科学家们总结了劳动人民与自然斗争的成果，用"功"字代替"工"字，而且总结出做功需要能量。能量这个概念，人们并不是很早就清楚的。能量需要一个来源，这就是能源。高山上的水，地球上刮的风，会劳动的人，都是能源。

虽然在现实中，做功都需要有能量的来源，但是人们不甘心，机器转动非要从高山上流下的水吗？非要自然吹动的风吗？一旦没有水怎么办？没有风怎么办？难道没有能源就不能使机器转动起来？的确，机器的设计有好坏之分，好的机器所耗费的能源要少得多，那是不是能设计出一种不需要能源的机器？或只要原始一点推动力，就让机器能转个不停，那该有多好。从机器开始为人类服务的那天起，就有人竭尽精力想发明永远转动的机器——永动机。

在我国著名的小说《三国演义》中，有聪明的政治头脑，又懂气候变化规律，预测东风将至而假装"借东风"的诸葛亮，曾经为了运输粮草，制作了自己会行走的"木牛流马"。这可能是我国历史上唯一有记载的一种"永动机"，当然这是小说家之言，不是史学家的记载；何况在小说中也语焉不详，很难知道诸葛先生的设计到底是怎么回事！好像现代有好事者曾经想按照诸葛亮的思路试作"木牛流马"，结论是：不过是一种独轮车，只是在轮子的四周装上四条腿，防止车的倾倒，另有一个小小的机关，可以停止车的行动，目的只是为了欺骗他的政敌司马懿而已。"木牛流马"并不会自己行走，还是需要士兵这个能源去推动。

全世界的人都一样，都有制作永动机的想法。在科学发展史上有记载的永动机就有以下这些。

●早期的永动机

13 世纪时一个叫亨内考的法国人设计出了一幅永动机的示意图。他的想法很有趣，12 个相同的重球装在杆子上，用铰链铰在一个特殊的轮盘上，当轮子作顺时针转动时，由于齿轮边缘的不同斜度设计，使右边给轮子加速的重球的力矩比左面的给轮子减速的力矩要大。别忘了力矩等于力乘力臂，力臂就是力与轴心的垂直距离。我们不妨比较一下铰链点在同一水平线上的 2 球与 8 球，2 球的力臂为 ab，8 球的力臂为 ca，显然，$ab > ca$，设重球的质量为 m，则必然有：

$$mg \cdot ab（加速力矩） > mg \cdot ca（减速力矩）$$

其中 g 为重力加速度，mg 即球受到的重力。那这样是不是达到永动机的设计了呢？用不着去详细计算这个力学问题的每时每刻的总力矩，只要在图中数一数加速力矩

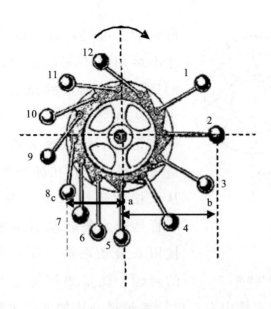

亨内考的永远机

与减速力矩的数目就行了。虽然对一个球来说，加速轮子的力矩比较大，但是，在转动过程中，加速力矩总是比减速力矩要少。就以上图所画的情况看，第 1、2、3、4 等四个球是加速轮子的，第 5 球力矩为零不算，但有第 6、7、8、9、10、11、12 等七个球是减速轮子的，数目大大超过前者，实际上就不可能达到总加速力矩永远大于总减速力矩的目的。何况还没有考虑轮轴上的摩擦力矩，而摩擦力矩是永远阻止轮子转动的。更不用说还要这轮子工作了。让它工作，简单说让它从井底吊上一桶水，设该桶水的质量为 m，受到的重力为 mg，重力离轮心的距离为 R，则该桶水阻止轮子转动的力矩为 mgR。

16 世纪 70 年代，意大利的一位机械师斯特尔又提出了一个永动机的设计方案。他的设计方案实际上是利用高处的水向下冲的办法来使机器转动，现代的水电站就是这样

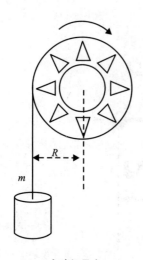

R

m

永动机吊水

做成的。可是，真正的水电站有取之不尽用之不完的水源，这水源是汇集了上游河道的流水，上游的流水又从各处集结而来，总之，这些流水是从下雨积聚来的。现在要人造一个水电站，在高处放一个水槽，从水槽中流出水来冲击水轮转动，不管是让水轮转动后用来发电或直接用来带动水磨，有一个必须解决的问题，就是如何将流下的水再回到高处的水槽中去？设计者想尽办法如何收集起流下的水再回到高处的水槽中去，甚至想利用毛细管原理，一块挂着的毛巾，下端放在水盆里，由于毛巾纤维的毛细管作用，使整个毛巾都潮湿了，这就是毛细管原理。但那是靠毛细管壁的附着力才有的现象，没法让大量的水通过附着力升高，结果还是失败的。

人们发现的各种物理现象都会被永动机的痴迷者用来设计永动机，物体在水中的浮力也被永动机设计者利用。设计者将机器的一半放在水中，一半在空气中。在水中的球因受到水的浮力作用，等于球的重量减轻了，因而对机器的转动力矩就小了，机器就向逆时针永远转动。

固然，在后面图中的5、6、7重球因受到浮力要比相应的1、2、3重球的力矩小，可是，当4球从空气中进入水中所受到的水的阻力要比8球出水时所受的水的推力大得多。为了看得更清楚，我们把图简化一下，只剩2、4、

6、8 四个球，并且用立方体来代替球形，得到下图。

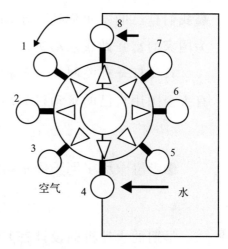

浮力永动机

从图来看，在水中的第 6 方块受到浮力，而在空气中的第 2 方块没有浮力，似乎可以使机器向逆时针方向转；但是，大家知道，浮力等于方块排开的水重，而水越到深处，密度越大，密度大，排开

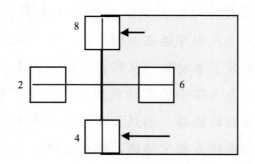

简化的浮力永动机

的水的重量就大，也就是浮力大。因而第 4 方块所受的浮力就比第 8 方块所受的浮力大；推第 4 方块出水的力就比推第 8 方块的力大，这个差别就要使机器向顺时针方向转动。因而即使你开始推它一下，让它动起来，它也只能一会儿顺时针、一会儿逆时针地摆动，到最后因摩擦而停止在平衡点，根本不可能做成向一个方向转动的永动机。

到了科学已经很发达的现代，永动机的痴迷者还大有人在。有人就信誓旦旦地说："我们国家需要发展，就要靠我们自己的发明创造，永动机真的不可能吗？我一定要为国家的富强做成永动机……"

只要打开有关网页，各种永动机的设计琳琅满目，还有人企图用自己的永动机参加2010年的上海世博会。

●电磁永动机与天外来客

早期的永动机的设计都是利用重力，利用重力的破绽太容易被揭露了，现在永动机的设计者又转向了利用磁力。更有甚者，与虚无缥缈的外星人以及飞碟联系在一起。认为外星人能穿越遥远的宇宙来访问我们地球，飞碟上就一定是装了永动机。从种种所谓的目击者的描述中得出结论，认为飞碟中的永动机应该是一个"磁能与电能"的永远运转的转换器。当然，现代永动机的制造者或预言者，都没有古代人那么清晰，那么具体，常常是抽象地叙述一些科学规则，含含糊糊地推出自己的发明与见解。

其实说得天花乱坠所谓飞碟中的"磁能与电能"的永远运转的转换器，不过是我们在电磁学中早已熟知的电磁振荡。如下面的图中，L为一电感，C为电容，ε为电池。开始将开关K放在1位置，让电容充电，使它具有一定的电能；然后将开关K放到2位置，断开电源，电容放电，电流流过电感产生磁能，电容器的不断充电放电，流过电感的电流不断变大变小而改变方向，这就是最简单的电磁振荡器，磁能和电能的不断转化，但它们的总和是保持不变的。

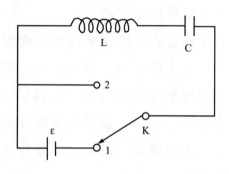

简单的电磁振荡线路

这样电能磁能的不断转变，这个振荡线路是不是永远振荡下去而成了永动机啦？其实，这是忽略了线路上的电阻的结果，不管你如何想办法减小电阻，电阻总是存在。电阻要消耗电磁能，转变成热能，也就是说，这电磁振荡最后还是要停止，最后换来的是发热的电感线圈与发热的电容。即使把电阻忽略不计，你又如何让这振荡电路对外做功？

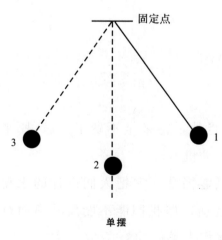

单摆

这个电磁振荡，物理学上称为"谐振动"，与一个单摆在重力场中的谐振动的数学公式是一样的。

在一个单摆中，将重球从平衡位置 2 拿到位置 1 放手。重球就会在 1、2、3，再 3、2、1 地来回摆动，要是忽略了空气的阻力，忽略了固定点的摩擦力，单摆就会不断地摆动下去。

可是，"忽略"不等于"不存在"，空气的阻力与固定点的摩擦最终总要使单摆停止下来。

这种不消耗能量而让机器永远转动而对外做功的永动机，在科学发展史上称为第一种永动机，第一种永动机的不可能成为一条很重要的自然规律被科学家固定下来，成为著名的热力学第一定律，也就是能量守恒定律。能量不会无中生有，也不会消失，能量只能通过做功从一种能量转变为另一种能量。

我们看到，让永动机停下来的一个无法回避的问题是摩擦阻力，通过摩擦阻力，物体的动能最后变成了热能，摩擦生热是任何一个老百姓都熟知的事。

那热或准确一点说，热能是一种什么样的能量呢？

固体、液体、气体都是由很多分子所组成，这些分子都在杂乱无章地不停地运动着，这种运动称为热运动，热运动的能量就是热能。

● 不可违背的自然界规律

好像是："踏破铁鞋无觅处，得来全不费工夫。"原来分子倒好像是一个微型的永动机？

可这微型永动机好像只能捣乱，它把人们设计的永动机的能量都变成了分子的运动，那我们能不能反其道而行之，将这些热能取出来为我们人类做功？

要是能从一个热源取热而做功，那不违背能量守恒定律，要是能成功，就成为第二种永动机。为什么呢？因为地球上到处是热源，例如海水取之不尽，用之不竭。把海水作为热源来不断对外做功，可以称之为"海水永动机"。

下图中一筒气体与一热源接触，让气体等温膨胀对外做功，做的功就是将活塞上的球一个一个放到旁边的空架子上去。设筒的活塞上放了5个球，每滚一个球到空架子上，活塞上的重量就减轻一些，气体就膨胀一点，活塞就上升一点，热源就输送一些热能给气体，最后从（a）情况变化到（b）情况。在这过程中，气体从热源吸热，体积从 V_1 变化到 V_2，对外界作了功，这功就是把5个球放到比较高的地方去了。但是只能做一次功，要是让这筒气体再做一次，那必须让气体从 V_2 变回到 V_1，要把活塞压回去，外界要对气体做功，最省的功就是再把空架子上的球一个一个滚回到活塞上去，从（b）情况回到（a）情况。空忙碌一场，这个从一个热源取热对外做功的机器无法循环

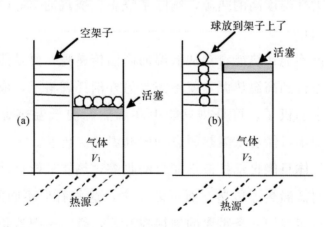

气体从一个热源取热对外做功

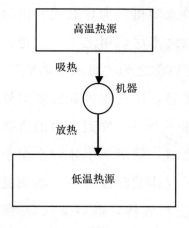

热机

动作。

能不能让装在容积 V_2 的气体自动（不需要外界做功）回到容积 V_1 呢？不可能，自然界的规律是气体可以向真空膨胀，而不能自动收缩而让出真空。

那能不能将气体从膨胀到一定情况后，又想法用另外的办法将它压缩，这样就既可以让气体恢复到原状又可以剩下对外做的功，这样不就可以循环对外做功吗？这是可以的，18世纪发明的蒸汽机以及各种各样的热机就是如此。但要热机循环工作，必须或至少必须有两个热源，一个高温热源，一个低温热源。热机在高温热源吸热，在低温热源放热，才能循环做功。低温热源好办，地球上的大气就是，你向它放热就是了；高温热源呢？要制造一个比大气温度高的热源，则除了烧煤、烧汽油等等以外，别无他法！

能不能让热能自动从低温向高温传递呢？要是能，就能自动地得到高温热源，就不需要另外消耗燃料了，成了能循环的永动机了。可是热只能由高温热源向低温热源自动传递，却不可能从低温热源自动向高温热源传递。

气体只能自动扩散不能自动收缩，热能只能自动从高温热源向低温热源传递，而不能反之，这些看似不同的现象，却被自然界同一条重要的规律控制着，科学家把这条重要规律就称为：第二种永动机不可能。或详细一点说，从一个热源取热对外做功而不发生任何其他变化是不可能的。这就是著名的热力学第二定律。利用高温热源做成的机器称为"热机"，有各种各样的热机设计，下面简单说一下"内燃机"的原理。

下图中用一个简单的圆筒代表内燃机。①把燃料（例如汽油）装入圆筒，然后压缩活塞，使燃料的温度升高。②燃料温度升高到一定温度，燃料燃烧，体积剧烈膨胀，推动活塞对外做功。③燃料烧完，剩下废气，推动活塞将废气压缩而排出筒外，也就是排到空气中去了。④废气排完后，重新给圆筒加燃料，开始下一次循环。

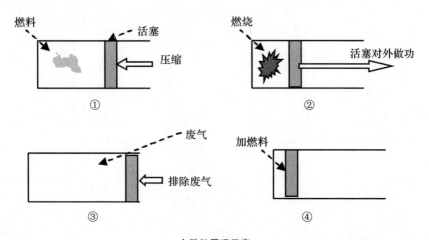

内燃机原理示意

当然，从第①到第②过程，也就是让燃料燃烧起来的过程，也可以采取一些其他点火措施。燃料燃烧后的对外做功，大大大于两次压缩给燃料所做的功，也就是说，第②过程对外膨胀做的功，比第①与第③过程压缩活塞的功要大得多。

内燃机可以使汽车开动起来，但必须要用燃料。消耗了燃料，换来了排在空气中的废气。

自然规律是不能违背的，永动机是不可能做成的。精力充沛的年轻人，千万别再为"永动机"去浪费自己的青春，好好地多学点科学知识，努力用自己的聪明才智为获得崭新的能源而努力。

二、终将枯竭的化石能源

●烟雾缭绕的柴火

古代的人，烧饭、取暖用的能源都是柴火。农作物废弃的茎叶，山上的荆棘、树木等都是柴火的来源。这些柴火烧

烟雾围绕的山村（张大千画的部分）

起来都要飘出烟，柴火灶必须连有烟囱，让炊烟飘上天空。因而人与烟总是联系在一起的。"人烟稀少"或"人烟稠密"是常用的词汇，"渺无人烟"，会使旅途劳累的游子，感到荒凉与寂寞；看到了炊烟，就知道前面有了人家，会使人感到人间的温暖。因而古代诗人，看到了袅袅炊烟，就会写出令人神往的诗句。王维的名句"大漠孤烟直，长河落日圆"给了后人多少美妙的想象空间！陶渊明在《归园田居》诗中这样写："暖暖远人村，依依墟里烟"，试想多年远离家乡的陶渊明，看到了墟里的烟，感到家乡近在眼前，会给自己多少亲切的感觉！范仲淹在词牌为《苏幕遮》的词中这样描述秋景："碧云天，黄叶地；秋色连波，波上寒烟翠"，要是没有写水波上朦朦胧胧的烟，"碧云天，黄叶地"的秋景就要逊色不少。烟是古代诗人与画家寄托乡思、描述美景不可缺少的因素，一幅烟雾朦胧的山水画要比一幅清晰的画给人更多的美感。而现代，烟却是讨人厌的污染源。试想，假如人口密集的城市里，一日三餐，家家的屋顶都飘出浓烟，那污染就没法让人安居了。

烧柴火得到能量，实际上是让植物中的碳元素迅速地氧化，放出二氧化碳气体和热能。用大家熟知的元素符号来写出反应过程，就是：

$$C + O_2 \rightarrow CO_2 + 热能$$

即：
$$碳 + 氧 \rightarrow 二氧化碳 + 热能$$

要是燃烧时氧气不充分，还会产生让人中毒的一氧化碳，即：

$$2C + O_2 \rightarrow 2CO + 热能$$

二氧化碳与一氧化碳气体都是无色无臭的，放到空中不会形成烟。烟是什么呢？因植物中除了碳，还有硫以及氮等化合物存在，这些经氧化所成的氧化物以及没有氧化完的碳的微粒，飘在空中，就是烟雾。烟雾必须用烟囱排出屋外，否则屋内无法住人。没有统一供应的暖气设备，更没有电暖气，又不能像农家那样烧炕，古代的达官贵人、大户人家，要在房内取暖，必须要得到纯粹的碳。因而古人就发明了伐薪烧炭的办法。造一个窑，让木材在氧气不充足但温度却比较高的状况下燃烧，这样可以让木材中的有机物发生氧化分解，因为大多数杂质要比碳活泼，容易氧化，碳没有被氧化而杂质却先和氧发生反应形成固体微粒或气体跑掉了，就剩下了碳元素，也就是俗称的炭。烧炭是很辛苦的工作，唐朝著名诗人白居易就有一首诗《卖炭翁》，其上半首为：

卖炭翁，伐薪烧炭南山中，
满面尘灰烟火色，两鬓苍苍十指黑。
卖炭得钱何所营？身上衣裳口中食。
可怜身上衣正单，心忧炭贱愿天寒。
夜来城外一尺雪，晓驾炭车辗冰辙。
牛困人饥日已高，市南门外泥中歇。

毛泽东选集上的著名文章《为人民服务》就是纪念为烧炭而献出生命的战士张思德的。

卖炭翁（取自齐白石画）

●埋藏在地下的宝藏

除了柴火与炭，不是还有石油吗？

是，石油是近代最重要的能源之一。人类很早就发现了石油，我国是最早发现石油的国家之一，我们的老祖宗们很早就发现了地下蕴藏着这重要的能源——石油，很多历史文献有这方面的记载。

首先，在陕西延安附近发现有石油，历史学家班固（公元 32～92）所著《汉书》的《地理志》中这样写道："高奴有洧水可燃"。高奴是秦代设置的县名，在陕西延安附近，洧水为延河的一条小支流；地下的石油冒出地面流到洧河中去了，石油比水轻，漂浮在水流表面，不会与水混合，老百姓收起水面的油，发现它可以燃烧。

甘肃酒泉一带，也是我国最早发现石油的地区。西晋人张华所写的《博物志》中就有记载。西晋史学家司马彪（公元？～306）在其所著《续汉书·志》中转引张华的记载说："酒泉郡延寿县南有山，石出泉水，……其水有肥，如煮肉泪（jì，肉汁），……燃之极明，不可食。"说明石油是从地下石缝中冒出来的，像煮肉的肉汁一样，可以燃烧，但警告大家不能吃。

新疆准噶尔盆地一带的油田，在距今至少1100多年前也已经被人发现了。宋朝的文学家欧阳修（1007～1072）编著的《新唐书·地理志》中记载，北庭大都护府（就是现在的新疆吉木萨尔县）一带，有石漆河。

古代把石油形象地称为"石漆"。后来又有各色各样的名称，南北朝时称为"水肥"，隋、唐时还有人称之为"石脂水""黑香油"等等。一直到北宋初年，石油这个名字才出现在《太平广记》中。《太平广记》是宋代人编的一本大书，编成于太平兴国三年（公元978年），故名；全书五百卷，目录十卷，专收野史传记和以小说家为主的杂著。该书中有一处提到："石油井在延长县北九十里，井出石油……"。约100年后，著名科学家沈括在其科学巨著《梦溪笔谈》中又一次使用了石油这个名词。而欧洲人使用石油这个名字要比中国晚600多年，德意志人乔治·拜耳在一篇文章中提到石油是在1556年，因此有些国家把中国誉为"石油的祖国"。

从上述的记载可以看出，我国自秦、汉以来，陕北延长、甘肃玉门、新疆库车等地的人民就知道采集石油，将其应用到照明、润滑车辆和军事上。但当时人们采集的只是随着水流流到地面上的石油。到北宋时期，世界上最早的采油井就在陕北出现了，《太平广记》中的记载："石油井在延长县北九十里，井出石油……"就是明证，因此我国是世界上第一个用挖掘油井提取石油的国家。

　　我国古代的劳动人民很早就有凿井的技术，凿井技术来源于凿井取水。在《史记·五帝本纪》中就有一个舜凿井的故事：

　　　　……后瞽叟又使舜穿井。舜穿井为匿空旁出。舜既入深，瞽叟与象共下土实井，舜从匿空出，去。瞽叟、象喜，以舜为已死。……

　　这故事说的是舜的父亲瞽叟，不喜欢舜，喜欢小儿子象，多次想法害舜，有一次让舜去凿井，舜知道父亲要害他，凿井到深处时，想办法在井底深处向旁边凿一通道，与另外一个井连通。果然在舜进入到深处时，瞽叟与象就用土将井填实，舜从旁边的通道逃出，而瞽叟与象很高兴，以为舜已经死了。你们看，舜已经会挖连通井了。

　　从尧时代流传下来的《击壤歌》："日出而作，日入而息，凿井而饮，耕田而食，……"也说明在尧时代，我国劳动人民已经很善于凿井取水来饮用，知道井水比河水卫生得多。

当然，从凿水井到凿油井还需要一段发展过程。从挖水井到挖盐井到挖矿井，劳动技能以及所用工具不断在改进。1965年，从湖北大冶铜绿山发掘出来的春秋战国时期的矿井遗址上发现，该矿井的挖掘深度已经达到50多米，并已经用上了像木辘轳这样的工具。到北宋中期，四川地区的劳动人民已经开始用冲击式顿钻技术钻凿小口深井了。

所谓顿钻，就是冲击式的意思，这种顿钻的凿井技术，当时处在世界的前列；小口深井正是开采石油与天然气所需要的。运用这种钻井技术，在清朝，就能钻凿1000多米深的盐井与油气井了。

●新中国石油工业的崛起

尽管在历史上，中国的石油的发现与采凿都处于先进之列，但到了19世纪中叶，却落在了西方资本主义国家后面。

由于我国长期处于封建统治时代，知识分子都被四书五经的科举政策所束缚，工业大大落后于欧美。第一次鸦片战争失败后，资本主义列强相继侵略中国，在一系列不平等条约下，控制了中国的内政与外交，中国封建经济解体，沦入半殖民地半封建社会。

19世纪50～60年代，近代石油工业在西方一些资本主义国家迅速发展起来，特别是美国与俄国。1859年，美国开始生产石油，石油年产量达272吨，到1923年，上升到1亿吨；俄国从1863年开始生产石油，1901年，年产量就达到 1200 万吨。由于他们自己国内的需求量有限，就把大量的石油产品（主要是煤油）倾销到中国来。石油成为仅次于鸦片、棉纱而居第三位的大宗商品。那时把石油称为"洋油"，洋油的大量倾销破坏了中国传统的植物油的生产和销售，也阻碍了自己国家对石油的开采与投资。当时在中国倾销石油的主要是美国的"美孚石油公司"，因此老百姓把煤油称为"洋油"或"美孚油"。

"洋油"对中国的统治一直延续到 1949 年新中国成立后。

我生于 1930 年，童年都是在苦难的时代度过。那时候在我家乡点灯都是火焰如豆的乌桕子油灯，一个小碟子放上乌桕子油，用两根灯芯草放在油碟子中，灯心草吸着油，将露出的一端点上火，发出如豆大小的光。家里有一盏洋油灯，也叫"美孚灯"，点的是美孚洋油，只有在我晚上要念书做作业时，才舍得拿出来点一下。家里也有一个洋油炉，用起来很方便，但轻易舍不得用，因为洋油比柴火贵多了。

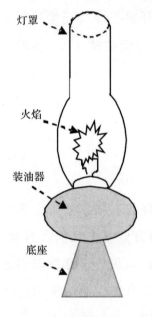

灯罩

火焰

装油器

底座

美孚灯示意图

资本主义国家在中国大量倾销洋油，既消耗了我国的大量外汇，也扼杀了我国的石油工业，阻碍了我国对石油的开采与投资。

为什么地底下会有石油？石油是如何生成的？

一般讲，石油是远古时代，由生物遗体经过化学和生物化学变化而形成的。形成石油要具备两个条件：第一是要有大量的生物遗体，这是形成石油的原料；第二是要有储集石油的地质构造。要找石油，先分析地质条件，找到有可能储藏石油的地质构造，再进行钻探。

1907年，我国还在北洋军阀统治时期，陕北延长地区开出了我国第一口油井，当时控制着我国石油市场的美孚公司与北洋军阀签订了《中美合办油矿合同》，并与中国工作人员共同对陕北地区进行石油勘探，得出了"中国是个贫油的国家"的结论。

得出"中国贫油论"，并不是完全从勘探结果得出的，主要来源于形成石油的地质理论。理论认为石油只能在海相地层中生成，而中国境内大部分地区都是陆相地层。

"中国贫油论"对中国近代石油工业产生了极为不利的影响，使中国的知识分子和政府对我国的石油资源抱悲观态度。1934年国民党政府在其出版的《中国经济年鉴》中写道："……中国石油据美国美孚煤油公司于民国三年至民国五年在山西、河北、热河、陕西、甘肃、四川等地调查之结果。除陕西一省有少量外，余则很少而已。……"

中国贫油的阴影一直延伸到新中国成立后。毛泽东主席也为中国的贫油所困惑，在第一个五年计划开始前，毛主席提出，如果中国真的贫油，要不要走人工合成石油的道路。

外国专家的贫油论，虽然也让大多数中国知识分子相信，但还是有不少科学家不信，其中就有著名的地质学家李四光。

李四光，1889年出生于湖北省黄冈县的一个贫寒人家。

地质学家李四光

原名李仲揆，1902 年，他虚岁 14 岁，到武昌报考高等小学堂。在填写报名单时，他误将姓名栏当成年龄栏，写下了"十四"两字。他没有带很多钱，舍不得再买一张报名单，灵机一动，改"十四"为"李四"，又觉得李四这名字不好听，又加一"光"字；这样，李四光这个名字就陪伴了他一生。

他开始学造船，后留学英国学采矿，后又改学地质，他发现了中国第四纪冰川遗迹，这是他一生引以为荣的一大成就。在英国留学时，李四光除了主攻地质学，还选学了力学、光学、电磁学等课程。他特别侧重钻研物理系的力学课程。在以后的科研实践中，他创立了一门地质力学的科学。

1949 年秋，新中国成立在即，李四光被邀请担任全国政协委员。当时他正在欧洲从事地质考察和学术活动，伦敦的一位朋友打电话告诉他，国民党政府驻英大使已接到密令，要他公开发表声明拒绝接受政协委员职务，否则要扣留他。李四光觉得祖国需要他，他毅然只身离开了法国，几经辗转，于 1949 年 12 月秘密启程回国。

1950 年 5 月 6 日，李四光终于到了北京。这一年他 60 岁，他的科研生活开始了全新的篇章。回国后的李四光，先后担任了地质部部长、中国科学院副院长、全国科联主席、全国政协副主席等职。

新中国百废待兴，但八九成石油依赖进口，当时已开采的石油只有陕西延长、新疆独山子、甘肃玉门等三个油田。而"中国贫油论"的说法，也使得党中央有些忧虑。1953年，第一个五年计划开始前，李四光被毛泽东邀请至中南海。周恩来分析了我国石油生产形势后，毛泽东提出，如果中国真的贫油，要不要走人工合成石油的道路。李四光十分肯定地说，我国天然石油的远景大有可为。他从新华夏构造体系的观点出发，向毛泽东、周恩来分析了我国地质条件。认为在我国辽阔的领域内，天然石油资源的蕴藏量应当是丰富的。开展石油普查勘探的战略决策，由此做出，新中国开始全面石油普查。

石油藏在地层深处，看不见摸不着，如何普查呢？

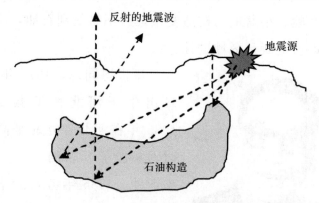

地震勘探示意图

在实践中，人们创造了独特的找油办法，一般有地质勘探、地球物理勘探和地球化学勘探等办法，其中物理勘探是普遍采用的办法。这些都是很专业的内容，很难用几句话说清楚。

就说物理勘探吧，可先普查各地的重力场、磁场的变化情况，地下有石油，在地面上可以测到重力场与磁场的异常；还可以用一个小小的爆炸制造一个地震，测量各处的反射地震波，从这些测量数据可以分析地下有没有石油构造。

在第一个五年计划期间，由于石油工业的装备落后，经验不足，勘探效果不理想。直到1955年，石油工业勘探思想发生了重大转变，才打开了新的局面。

勘探思想发生了什么重大转变呢？

1956年1月24日至2月4日，石油工业部在北京召开第一届石油勘探会议，正在苏联考察的部长助理康世恩写来了书面意见。他提出了石油勘探成果不大的原因有两点：第一点，勘探工作量太少，对每个含油区只从个别构造勘探，忽视解决全区性的地质问题，缺乏通盘规划。第二点，根据苏联经验，小盆地与构造复杂地区不易找到石油，应集中力量在大盆地展开区域勘探。

康世恩

康世恩同志，1915年4月20日出生于河北怀安县田家庄。1935年在河北省立北平高中读书时，参加了著名的"一二九"学生运动。1936年考入清华大学地质系学习，同年参加"民族解放先锋队"，担任清华大学学生救国会常委。1936年10月加入中国共产党。

1949年至1955年任玉门油矿军事总代表、党委书记，西北石油管理局局长，北京石油管理总局局长。1955年7

月至 1956 年 9 月任石油工业部部长助理、党组委员。1956 年 10 月至"文化大革命"初期任石油工业部副部长、党组委员、党委书记。

1956 年，康世恩到克拉玛依进行调研后，果断地决定将准格尔盆地的勘探重点，由盆地南缘移到盆地西北缘，采取"撒大网，捞大鱼"的做法，从而发现了克拉玛依大油田，成为新中国在油田勘探上第一个大突破。

1960 年初，康世恩同志参加并领导大庆石油勘探开发会战，大庆石油会战是中国独立自主地开发建设大油田，加快石油工业发展的转折点。

大庆油田位于黑龙江省西部、松辽盆地中央凹陷处北部。油田境内，草原一望无际，上百个泡泊星罗棋布，镶嵌其间。松辽盆地面积 26 万平方千米，纵跨黑龙江、吉林、辽宁三省，在黑龙江省境内约占 13 万平方千米。在地质历史上，这里曾是一个大型内陆湖盆，中生代株罗纪和白垩纪时期，沉积了丰富的生油物质。盆地中心的沉积岩厚度达 7000～9000 多米。大庆油田的石油会战，揭开了中国石油工业艰难创业史上的崭新一页。

大庆石油会战自 1960 年 5 月开始，至 1963 年底，历时三年半。三年半的大庆石油会战，打出了中国第一大油田，从根本上改变了中国石油工业落后的面貌。

长春电影制片厂 1974 年拍的电影《创业》，就是以大庆石油会战为原材料创作的，可以看到石油工人的大无畏精神。

20 世纪 50 年代至 60 年代，大庆、大港、胜利和华北等油田陆续建立。中国彻底甩掉了"贫油国"的帽子。

石油为什么可以燃烧？与燃烧柴火不同吗？

石油是一种碳氢化合物，石油的分子式为 C_8H_{18}，石油常常伴随着天然气，天然气的分子式为 CH_4，这些东西的燃烧也主要是利用碳的氧化而获得热能。

石油燃烧的化学反应式为：

$$2C_8H_{18}+25O_2 \rightarrow 16CO_2+18H_2+热能$$

天然气燃烧的化学方程式为：

$$CH_4+2O_2 \rightarrow CO_2+2H_2O+热能$$

石油的燃烧虽然也放出二氧化碳污染空气，但要比古老的柴火方便多了，只要有输油管道，就可以将油输送到各地；天然气也是这样，通过管道可以输送到千家万户。

●能源诱发的世界热点

石油、天然气，被人们称之为"工业的血液"，既是重要的能源，又是重要的战略物资。在工农业生产、国防军事及人们的日常生活中起着举足轻重的作用。

地球上到底储藏了多少石油与天然气呢？

不同的国家，不同的学者，不同的计算方法，预测的结果也相差甚大。法国的一个石油研究所估计，世界石油资源的最大储量为 1 万亿吨，而可开采石油储量为 3000 亿吨，其中海洋石油占 45％。世界天然气的总储量在 255 万亿～280 万亿立方米，海洋的天然气储量为 140 万亿立方米。

1995 年，世界海洋石油探明储量为 381.2 亿吨，天然气探明储量为 38.9 万亿立方米。世界海洋石油产量达 9.24 亿吨，海洋天然气产量超过 1 万亿立方米。

一些石油地质学家认为，大陆架海底通常是厚度很大的中生代和第三纪与第三纪以后的海相沉积，这种地质构造是石油生成与储蓄的良好的场所。大陆架与近海紧相连，近海有着大量的藻类、鱼类以及其他浮游生物，这些都是形成石油的原料。当这些生物迅速被河流带来的沉积物掩埋后，这些被埋藏的生物遗体与空气隔绝，长期处在缺氧的环境里，再加上厚厚的岩石的压力、高温及细菌作用，便开始分解。再经过长期的地质时期，这些生物遗体逐渐变成了分散的石油。

由于海底石油的丰富蕴藏，大力开发海底石油的事业方兴未艾。但海上作业比陆地上要复杂得多，海上若发生事故处理起来也更困难。

2010 年 4 月 20 日夜间，位于墨西哥湾的"深水地平线"钻井平台发生爆炸并引发大火，大约 36 小时后沉入墨西哥湾，11 名工作人员死亡。据悉，这一平台属于瑞士越洋钻探公司，由英国石油公司租赁。钻井平台底部油井自 2010 年 4 月 24 日起漏油不止。沉没的钻井平台每天漏油达到 5000 桶，据 2010 年 4 月 30 日统计，浮油面积达 9900 平方千米，并进一步扩张。此次漏油事件造成了巨大的环境和经济损失，受漏油事件影响，美国路易斯安那州、亚拉巴马州、佛罗里达州的部分地区以及密西西比州先后宣布进入紧急状态。

墨西哥湾的漏油事故

从用自己的双手工作进化到用机器工作，是人类一个很大的进步，但也就引起了对能源的你争我夺。世界战争的导火索常常是起源于"能源争夺"，能源资源丰富的地区成为各方面角力的舞台。

例如：我国与日本的钓鱼岛纠纷。

钓鱼岛是钓鱼群岛中的一个。钓鱼群岛由钓鱼岛、黄尾屿等 8 个无人岛礁组成，分散于北纬 $25°40'\sim26°$、东经 $123°\sim124°34'$，总面积约 6.344 平方千米。虽然无人居住，但的的确确是我们中国的领土，有不少古代文献可以为证。

明朝永乐元年（1403 年）的《顺风相送》，就有我国领土钓鱼岛的记载。《顺风相送》是明代的一部海道针经，所谓"针经"，意思是用罗盘针指引方位的意思。原本藏在英国牛津大学鲍德里氏图书馆。1935 年北京图书馆研究员向达在该图书馆整理中文史籍，抄录了《顺风相送》等中国古籍。

明朝嘉靖十三年（1534 年）第十一次册封使陈侃所著的《使琉球录》、嘉靖四十一年（1562 年）浙江提督胡宗宪编纂的《筹海图编》、清乾隆三十二年（1767年）乾隆皇帝钦命绘制的《坤舆全图》等，也都有钓鱼岛的记载。光绪十九年（1893年）十月，即甲午战争前一年，慈禧太后还曾下诏将钓鱼台岛赏给邮传部尚书盛宣怀作采药用地。

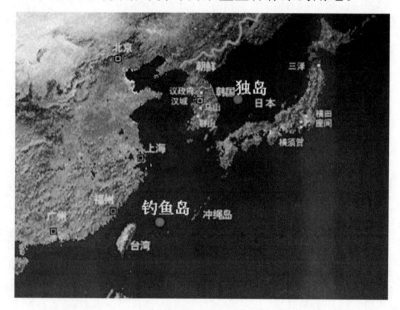

我国的领土钓鱼岛

日本插手钓鱼岛是在1895年甲午战争期间，在《马关条约》签订前三个月窃取了这些岛屿，划归冲绳县管辖。第二次世界大战后，1943年12月，中、美、英发表的《开罗宣言》规定，日本应将所窃取于中国的东北、台湾、澎湖列岛等土地归还中国，当然也包括钓鱼岛。1945年的《波茨坦公告》规定："开罗宣言之条件必将实施。"同年8月，日本接受《波茨坦公告》宣布无条件投降，这就意味着日本应该将台湾包括其附属的钓鱼岛等归还中国。但1951年9月8日，日本却同美国签订了片面的《旧金山和约》，将钓鱼诸岛连同日本冲绳交由美国托管。1971年6月17日，日美签订"归还冲绳协定"，这些岛屿也被划入"归还区域"，交给日本。对此，我国外交部于1971年12月30日发表声明，强烈谴责美日两国政府公然把我钓鱼诸岛划入"归还领域"，严正指出："这是对中国领土主权明目张胆的侵犯。中国人民绝对不能容忍。"

你们都来抢我们的家园干什么

为什么这七个狭小的、无人荒岛会引起日本的垂涎？原因在石油上。根据联合国亚洲和远东经济委员会的勘探结果，钓鱼岛附近广大大陆棚海域可能储有大量石油。日本急迫需要石油，但本土不产一滴石油，全部依靠从国外特别从中东进口，所以一听说靠近日本国土的钓鱼群岛一带有这么多的石油储藏，要全力霸占是必然的了。

又如，对北极石油的争夺。

随着油井一个个枯竭，世界能源大国不约而同地盯上了地球上最后一个能源宝库，这就是北极。北极是指地球自转轴的北端，也就是北纬90°的那一点。北极地区是指北极附近北纬66°34′北极圈以内的地区。中间是一片浩瀚的冰封海洋，俗称北冰洋，周围是一些岛屿以及北美洲和亚洲北部的沿海地区。北极的冬天是漫长、寒冷而黑暗的，从每年的11月23日开始，有接近半年时间，是完全看不见太阳的日子，温度会降到零下 50 摄氏度。到了 4 月份，天气才慢慢暖和起来，冰雪逐渐消融，天空变得明亮起来，太阳普照大地。5～6 月份，植物披上了生命的绿色，动物开始活跃，并忙着繁殖后代。在这个季节，动物们可获得充足的食物，积累足够的营养和脂肪，以度过漫长的冬季。北极地区是世界上人口最稀少的地区之一。千百年以来，只有因纽特人（旧称爱斯基摩人）在这里世代繁衍生息。

石油打破了北极的平静。据科学家勘测，北极地区的地下蕴藏着丰富的石油和天然气，海底深处蕴藏的石油资源估计有 1000 亿桶之多。北极周边国家都不断宣称对北极部分地区拥有主权，不惜一切代价要获取这块资源宝地。

一向以低调和"柔弱"姿态示人的加拿大，为了石油，也不断以行动捍卫其北极地区主权，其中最重要一步就是在北极使用的 CANDISS。CANDISS 全名加拿大北极昼夜成像监测系统，是该国最新研制的新一代高科技探测器。其主要功用是监控北冰洋北部水域动态，观察进入西北水道的船只动向。

俄罗斯、美国、丹麦、挪威都纷纷派出科考队，希望证明北冰洋的辽阔水域就是它们的经济专署区。

2007 年 8 月俄罗斯率先在北冰洋'插旗'宣布主权，2008 年 7 月 18 日，俄罗斯总统梅德韦杰夫颁布了尽快开发北极的法令。法令授权俄联邦政府可以跳过竞拍程序，指定企业开采大陆架上的石油和天然气资源，俄罗斯天然气工业股份有限公司和俄罗斯石油公司将有可能垄断俄大陆架的石油开采。

俄罗斯对北极的行动，刺激了北极周边的国家，2008年7月17日，美国海岸警卫队司令、海军上将Thad Allen表示，美国政府应该拨款建造新的破冰船。他警告说："由于美国在北极的战略利益正在扩大，在国内和国际范围内，我们所拥有的极地破冰船数量已经受到威胁。"美国对开采北极地区石油的想法可以追溯到1977年，当时美国国会向内政部咨询开采北极地区石油的可行性，但因环境保护问题最终此议案被搁置。在随后的30多年时间中，此议案仍在不断被提交讨论。

2007年8月12日，丹麦一支科考队动身前往北极地区，寻找丹麦拥有北冰洋海域经济开发权的证据。

作为世界上第三大石油输出国的挪威，制定了为期两年的北极钻井勘探计划，以确定挪威未来可能拥有的北极油气储量。2009年5月19日挪威首相斯托尔滕贝格在莫斯科和俄罗斯总统梅德韦杰夫、总理普京举行会谈，主要话题之一是对巴伦支海争议地段的分割问题，这一地区至少拥有100亿吨燃料当量的石油储备。

一场资源争夺战在世界上这一最寒冷的地区大有一触即发之势。有人形容这场资源争夺战将是有史以来"最冷的战争"。

又如，竞相争夺和控制中东地区的石油资源，已成为国际政治纠纷的标志之一。

在竞争中，竞争者用尽了一切"合法"与非法的手段，有的强施以政治与经济压力；有的通过商业贸易，借口进行科学研究乘机侵入；有的利用"亲善"方式力求获得油矿所有国的特权和委托代管，或达成所谓的合作；或在永久友好条约的幌子下共同瓜分富饶的中东。

埃及大学商学院的教授拉史德·艾勒·巴拉威说："我们毫不讳言地指出，自从20世纪开始，我们亲身阅历了一场石油争夺战，而且确信，这个战争在今后年代里，必然会更加白热化，残酷、剧烈将是这个战争的特色。"

油源的逐渐枯竭，困惑着每个国家；油价的不断上涨，烦恼着每个有车族。

●化石资源的枯竭

煤矿工人在矿井作业

地下隐藏的能源除了石油还有煤。我国是煤矿比较丰富的国家。但煤不像石油可以利用管道向地面喷发；煤是固体，需要工人深入到地层深处去挖掘，煤矿工人在暗无天日的地下工作，管理不善的煤矿事故频频发生。

煤是远古时代因地壳的各种运动，掩埋在地下的植物转化而来的，这些资源越挖越少，总有挖尽的一天！

三峡大坝

能源还有一个重要的来源，就是江河的流水。我国有着无数的小河流，还有两条大河，黄河与长江。滔滔的流水不能让它白白流入大海，要利用这些能源，也就是用它来建立水电站。我国有着丰富的水力资源，这是我国的巨大财富，是谁都抢不去的财富。但是，要想将汹涌澎湃的河水能量用于发电，就需要用大坝将河水拦起来。也就是说，要用人力改变自然的状态，这是一个复杂的科学问题。考虑不周就会出现问题，三门峡水利工程最终以失败和祸害百姓而告终，我们希望长江三峡水电站能永远为我们提供能源。

当然，地球上可以利用的能源还有风能，利用风吹动风车可以发电；也可以利用太阳电池将照在上面的太阳能转化为热能；但这些只能解决很少量的问题。

风车发电

煤、石油、天然气等资源是有限的，现代工业的大量消耗，不但使能源问题日益紧张，也使地球上排放的二氧化碳（CO_2）含量大量增加。二氧化碳气体具有吸热和隔热的功能。它在大气中增多的结果是形成一种无形的玻璃罩，使太阳辐射到地球上的热量无法向外层空间扩散，使地球表面变热起来，这就是所谓的温室效应。温室效应引起了全世界科学家的关注，因为它可能会带来一些严重恶果：如海平面上升，一些岛屿和沿海城市将被淹没水中；气候反常，海洋风暴增多，甚至土地干旱，病虫害增加，沙漠化面积增大等等。

人类要在地球上幸福地生活下去，大家必须努力，寻找更好的能源。

三、发现巨大能源的前奏

1938 年 12 月 22 日，这是一个永远要记住的伟大日子，科学家们发现了原子核裂变，简称核裂变。人类发现了一个很大的能源，原子能。

利用原子能的燃料（当然这并不是像燃烧煤、石油那样的燃烧，姑且用这个通俗的词汇吧！）是铀 235，现在来做个比较：

燃烧 1 千克铀 235 放出的热能为：19 600 000 000 千卡；

燃烧 1 千克标准煤放出的热能为：　　　　 7000 千卡；

燃烧 1 升重油放出的热能为：　　　　　　 9900 千卡；

燃烧 1 立方米天然气放出的热能为：　　　 9800 千卡。

也就是说，1 千克铀 235 相当于 2800 吨煤。

这巨大的能源是如何发现的？为什么到了 1938 年人类才发现原子核裂变？为什么原子核裂变时会放出大量的能量？过程很不简单，待我慢慢讲来。

●点石成金的幻想

大家熟知，地球上存在着很多化学元素，金、银、铜、铁、锡……学了化学的都知道，可以把已知的元素排成一个周期表。周期表是俄国科学家门捷列夫，在1869年首先建立的。当时化学家们还只知道63种元素，他将这63种元素依原子量大小用表的形式排列，把有相似化学性质的元素放在同一行，就是元素周期表的雏形。

有些元素是单独存在的，这样的元素容易被人类发现。有些元素是以化合物的形式存在的，这就需要采取化学的办法把它提取出来。有些元素在自然界比较多，有的就比较少。有的比较贵重，有的比较贱。但是铁就是铁，铜就是铜，金就是金。铁变不了金，铁是从铁矿中提炼出来的，金是从沙子中"沙里淘金"淘出来的，石头是硅的化合物，主要是二氧化硅。我们的古人很想将其他的东西变成宝贵的金，有不少带着幻想也带着讽刺意义的故事。

蒲松龄在《聊斋志异》中写了一个点石成金的故事。一个穷书生贾子龙碰到一位名叫真生的人，两人成为好友。真生见他囊中羞涩，拿出一块点金石，放在一块瓦片上，念几句咒语，瓦片就变成金子。真生说这种办法只能救急，不能贪心，否则要受到天谴。有一次真生不小心丢了点金石，恰巧被贾子龙捡到了。贾把点金石还给了真生，但条件是真生必须告诉他咒语，让他尝一尝点石成金的乐趣。真生拿一小

啊！石头真的变成金子了

瓦片放在一块石头上，让他把点金石放在瓦片上。贾子龙贪心，将点金石放在石头上，把一块大石头变成了金子。真生大惊失色，说这必受到天谴，你必须去买一百件棉衣，一百口棺材，施舍给穷人，花掉这些金子，才能避免天谴。

这故事大概是告诉人即使有了点金石，但不能贪得无厌，点得的金子不能拿去享乐，要救济穷人。

吴敬梓在《儒林外史》中写了一个"烧石成银"的骗局。骗子为了骗一个有钱公子哥儿的钱，先骗了正派文人马二先生，给了马二先生几块黑石头，让他回寓所去用火烧，一烧，黑石头变成了银子，当然是骗子把银子涂黑了冒充石头而已。正处在穷愁潦倒的马二先生，真以为碰到了神仙。

这位神仙骗子带着马二先生去找那位有钱公子,正在骗局快要成功的时候,这位吹嘘自己已经活了 500 多岁的神仙却忽

马二先生深山遇神仙 (图来自《儒林外史》)

然得病死了,那位公子哥儿运气好没有被骗。为什么骗子要先骗马二先生呢?原来马二先生是一位有点名气的评点家,把科举考生的文章收集来加以评点后汇集成书,印出来供热衷于功名的考生阅读,是一个老实巴交的知识分子。骗子看中了他这点名气,把他引来作为大骗局的"托儿"。

小心!现在社会上骗子也不少,别无意中当了骗子的"托儿"!别以为"点石成金""烧石成银"只不过是文学家蒲松龄与吴敬梓在文学作品中警世的寓言,不是在科学昌盛的现代,也有好心人作了"水变油"骗局的"托儿"吗?

铁就是铁,铜就是铜;是不是化学元素都不能互相转变呢?直到 1898 年居里夫人发现了放射性元素,原来元素是

可以变化的，它的变化有着一定的规律。放射性元素是如何发现的？说来话长，待我慢慢讲来。

●一个伟大的母亲

居里夫人

居里夫人原名玛丽亚·斯可罗多夫斯卡，于 1867 年 11 月 7 日，生于一个被沙俄占领的波兰的教师家庭。民族的压迫，社会的冷遇，生活的贫困，激发了她的爱国热情和奋发精神。她决心努力学习，用知识武装自己。1891 年，她靠自己当家庭教师积聚下的钱，从华沙到法国巴黎大学求学。经过刻苦努力，三年中她先后获得了物理学和数学学士学位，并取得了进研究室工作的机会。1894 年她认识了比她大 18 岁的皮埃尔·居里。皮埃尔·居里当时已经是一个著名的物理学家，他主要研究磁性物质，在磁学上有著名的以他命名的居里定律、居里温度、居里点等。1895 年玛丽亚·居里与皮埃尔·居里结婚，他们生活清苦，工作学习却十分紧张。1896 年居里夫人生了他们的大女儿伊雷娜，在产期里，她怀着很大的兴趣读了贝克勒尔发现一种特殊射线的报告。这种射线当时称为贝克勒尔射线。

　　贝克勒尔的发现引起了居里夫人的重视。居里夫人产假后马上投入工作。她当时正要为考博士学位准备博士论文，按理说，她在她丈夫的实验室工作，她丈夫是实验室主任，她随着丈夫做有关晶体磁性方面的工作会方便得多。但居里夫人却不这样想，她从小就有探险家的好奇心与勇气，这种在科学研究中很宝贵的性格，在选择博士论文的题目上充分的表现了出来。她想要弄清楚，这种贝克勒尔射线到底有些什么性质？这种射线到底是从哪儿发出的？这是一个绝好的博士论文题目；但选择这个课题，意味着艰苦的工作在等着这位初为人母的年轻母亲。

●难道世上真的有"秦皇照胆镜"

古代的铜镜

　　传说古代秦始皇有一面"照胆镜"，东晋葛洪《西京杂记》卷三中有记载："有方镜，广四尺，高五尺九寸，表里洞明。人宜来照之，影则倒见，以手扪心而来，即见肠胃五脏，历然无碍。人有疾病在内，掩心而照之，则知病之所在。女子有邪心，则胆张心动。秦始皇常以照宫人，胆张心动者则杀之。"

　　显然，这是封建皇帝欺骗臣民、宫女们的一种谎言。人身上反射的光与镜子反射的光都是普通的光，这种光是不能穿透人身上的衣服与肌肤的，既看不到人的五脏六腑，更不可能看到人的心理。

　　但是，现代科学还真的发现了一种能穿透人体的光。

　　1895 年德国科学家伦琴在研究阴极射线时发现了一种特殊射线。当用热阴极 K 发射的电子束达到阳极 A 上时，阳极 A 会发射一些穿透力很强的射线，这些射线穿过真空管的管壁向外发射。由于对它还不了解，伦琴把这种射线用代数中的未知数 X 来命名，叫它为 X 射线。他仔细地研究

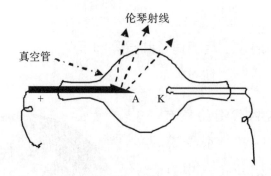

伦琴射线管

这种射线的性质，发现这种射线与普通的光有很大不同，普通光不能透过的东西，如黑纸、木材、肌肉，X 射线都能透过。它与普通的光一样，能使照相底片感光。他让他的夫人用手挡在 X 光的路径上，将照相底片放在后面，由于 X 光能透过肌肉而不能透过骨骼，因而拍出的照片仿佛是中国古代的神话传说中的"秦王照胆镜"那样把手的骨骼都显示出来了。

1896 年 1 月 23 日，伦琴在自己的研究所中做了第一次报告，报告结束时，用 X 射线拍了维尔茨堡大学的著名解剖学家克利克尔一只手的照片，克利克尔高兴极了，带头向伦琴欢呼三次，并建议将这种射线命名为伦琴射线。1901 年诺贝尔奖第一次发奖，伦琴就因为他的发现而得到这一年的诺贝尔物理奖。

这种奇怪的射线到底是什么？很久都弄不清楚。在 1912 年，伦琴发现该射线 16 年后，德国科学家劳厄才让伦琴射线通过晶体，利用晶体对光的衍射，才肯定它是一种光，是比紫外线的波长还要短得多的电磁波，这是后话。

当时大家既不知道伦琴射线到底是什么，又不知道伦琴射线是如何发生的，而它又有着如此奇妙的性质，因此吸引了许多人来研究它。贝克勒尔就是其中的一个。

贝克勒尔是法国人，他的父亲与祖父都从事物理与化学的研究。贝克勒尔于 1852 年 12 月 15 日生于巴黎，他早年致力于光学的研究工作，1883 年开始研究红外光谱；1886 年转向研究晶体对光的吸收，并由此于 1888 年获得博士学位。

因为伦琴射线本身是看不见的，看得见的是因伦琴射线引起的荧光。贝克勒尔猜想出现伦琴射线的机制也许和发荧光的机制是一样的，因此用一种能发荧光的物质钾铀铣硫酸盐来做实验。他把照相底片用黑纸包着，将钾铀铣硫酸盐经太阳晒后，放在黑纸包着的照相底片上，试试会不会感光。

为什么照相底片要用黑纸包起来？因为贝克勒尔猜想钾

铀铣硫酸盐被太阳照射后（经过太阳照射后才能发荧光），在发出荧光的同时也发出了伦琴射线，荧光也能使照相底片感光，可是荧光是可见光，不能通过黑纸，而伦琴射线能够通过黑纸；将照相底片用黑纸包起来，若照相底片还能感光，则一定在发荧光的同时有伦琴射线发出来。

实验的结果，果然在照相底片上有晶体的雾翳相。贝克勒尔很高兴，以为他的猜测对了，并且在1896年2月24日将此实验结果送交法国科学院。虽然他认为有了初步结果，但他还是继续作这实验，因为到底为什么发荧光的同时会发出伦琴射线的原因并不清楚。有一天，在连续几天阴雨天后，他去看看放在实验室暗室的抽屉里的照相底片，检查一下底片有没有什么受潮之类的问题，意外地发现底片已经感光了。"怎么会感光呢？"贝克勒尔想。连着几天都是阴雨天，放在照相底片上的钾铀铣硫酸盐并没有经过太阳光的照射，不可能发荧光，当然也不可能发什么伦琴射线。那会是什么呢？是什么使照相底片感光啦？难道铀矿中能发出另外一种射线？贝克勒尔继续作他的实验，他用其他不含铀的荧光物质试，用含铀的其他矿物试，再用不会发荧光的提纯了的铀来试。发现不含铀的物质就没有这种现象，而用纯铀试验时，感光的强度要比用钾铣硫酸盐大三四倍。贝克勒尔让此射线通过磁场与电场，发现此射线会在磁场与电场中弯曲，而伦琴射线是不会弯曲的。显然这种射线是与伦琴射线不同的一种由铀自然发出的射线，当时称为贝克勒尔射线。

● "这个镭，我爱它，也怨它。"

居里夫人的博士论文题目就是研究这种贝克勒尔射线。

她首先用电离室来测量这种射线的电离本领。电离室原理可以简单地用右图表示。一个容器抽成真空后，放入少量容易电离的气体。在一侧做一个可以让铀射线进入的窗户，两端做上阴极与阳极。加上电压，若没有射线进入，气体没有电离，则没有电流通过；若让射线从窗户进入，气体被射线电离，则有电流通过，从电流的大小就可以测量射线的电离本领。

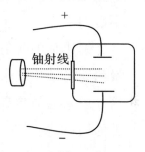

电离室示意图

居里夫人越深入研究这种铀射线，越觉得它不寻常，她觉得这可能是铀原子的一种特性。但她又马上想，难道只有铀才有这种特性吗？她把这种物质的特性称为放射性。她要探索别的物质是否也有放射性。说干就干，很快她就发现钍也有这种放射性。由于她对研究放射性的执著，居里也放弃了自己的研究工作，来与她一起完成对放射性的探索。在研究各种放射性矿物时，他们发现沥青铀矿的放射性比铀盐的要强几倍。她认为沥青铀矿中一定存在着某种未知的放射性很强的元素，他们决定要找出这种元素。他们运来了成吨的沥青矿，没有合适的实验室，就在巴黎市内理化学校找到一间上漏下潮的破旧棚子作实验室。在这里，她们对几十吨沥青铀矿废渣进行了无数次的溶解、蒸发、分离和提纯。终于在 1898 年 7 月发现了放射性元素钋，同年 12 月又发现了镭，但这时只是说明有这种元素的存在，要提炼出纯镭还需要做很多化学工作。居里夫妇在一个简陋的棚屋中艰苦工作了四年，终于提炼出了十分之一克纯粹镭盐，这是一个很了不起的工作。

镭比铀的放射性强度要大 200 万倍。也就是说，同样重量的镭与铀比起来，使电离室中气体电离的本领要大 200 万倍。后来镭的神奇功能也被发现了，它可以治疗残酷危害人类的病症——癌。但事物常常有着好坏的两方面，镭的放射性能治疗癌症，也会损坏人体的正常细胞。居里夫妇在提炼出纯粹的镭后，常常在夜深人静时到他们的实验室去看他们的镭，这些装在极小玻璃容器中的神奇物质，在黑暗中发着美丽的光来迎接它们的主人。实际上，镭在医药上的功能，是首先从它对科学家们的身体有了损害才发现的。居里夫人就因她工作的过分劳累以及长期接触放射性而损害了健康，贝克勒尔把一个装着镭的玻璃管放在口袋里，结果也受了伤。他跑到居里夫人那里诉说："这个镭，我爱它，也怨它。"

当时人们对放射性会伤害人并不很清楚。对一个热爱科学的人来说，常常是奋不顾身的。1910 年，卢瑟福第一次见到了居里夫人，就在他对母亲的信中描述这位伟大的女性："她脸色苍白，身体很虚弱，工作太劳累了，看了她样子真让人心里难受。"欧内斯特·卢瑟福（1871~1937）是英国物理学家，1908 年度诺贝尔化学奖的获得者。我们后面还会不断提到他。现在，放射性对人体的作用人们已经比较清楚，有了很多防护知识，对放射源保管得很好，一般不会出什么事，但也要特别小心，有放射性的实验室是不让非成年人随便进去的。

1903 年居里夫人以《放射性物质的研究》论文获得博士学位，同年她和丈夫皮埃尔·居里以及贝克勒尔共同获得了诺贝尔物理奖。

皮埃尔·居里在 1906 年不幸因车祸去世。居里夫人被提升为教授，接替居里的职位。1910 年她的最重要的著作《放射性》一书出版，同年她在同事德比埃的协助下，提炼出了纯粹的金属镭。由于她发现了钋与镭并提炼出纯粹的金属镭，并且她探索开创的用放射性进行化学分离与分析的方法，奠定了放射化学的基础，1911 年她又获得了诺贝尔化学奖，成为两次获得诺贝尔奖的第一人。

● 放射性元素放出的射线到底是什么

放射性元素放出的射线到底是什么？检验物质有没有放射性比较容易一些，只要有一个验电器就行了。

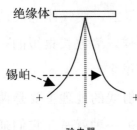

绝缘体

锡箔

验电器

用两片锡箔一端固定在一绝缘体上，让锡箔带上电，例如可以简单地利用摩擦生电让它带上电，两锡箔就因同性电相斥而分开。若有放射性物质放出的射线通过锡箔之间，使锡箔中间的空气略有电离，锡箔就被空气中的电中和而合拢，成为图中虚线所示的样子。而没有放射性时，则锡箔上的电不容易中和，锡箔就比较长时间地保持分开。

但是要判断放射性物质放出的射线到底是什么东西，却要困难得多。贝克勒尔在居里夫人努力探索放射性的秘密，并努力找出新的放射性元素钋和镭的同时，也在努力研究到底放射性的射线是什么？1900 年 3 月 26 日，贝克勒尔让从镭中发出的放射线通过电场与磁场。

当他将射线通过磁场时，发现射线分成了三种。当磁场垂直纸面向外时，一种射线向左弯曲，曲率半径比较大，另一种射线向右弯曲，曲率半径比较小，还有一种不受磁场的影响，仍然是走直线。贝克勒尔分别把这三种射线命名为：α 射线、β 射线、γ 射线。

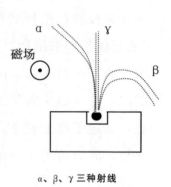

α、β、γ 三种射线

β 射线比较快地被科学家们确认，从其在磁场中的弯曲就能判定它是带负电的粒子，从测得的速度与荷质比（电荷与质量的比值）发现与汤姆逊的阴极射线中的电子一样，因而断定 β 射线是电子。

γ 射线不受磁场的影响，穿透能力很强，使气体电离的本领却比较弱，这种射线与伦琴射线一样，为波长很短的一种电磁波，但比伦琴射线的波长还要短得多。

要了解 α 射线要困难得多。当时对射线的处理主要是两种方法，一种是让它们通过金属薄膜，另一种就是让它们通过磁场与电场。对 α 射线研究的最多也最有成就的科学家是卢瑟福，也就是那位第一次见到居里夫人，看到她为工作劳累得很虚弱时，心里很难受的物理学家。卢瑟福是如何研究 α 射线的，他从研究 α 射线中获得什么重要成就，我们接下来再慢慢地讲。

四、原子核的发现

●科学工作中的"鳄鱼"

卢瑟福决心要把α射线是什么研究清楚。要把α射线研究清楚，迫切需要的是居里夫人发现的镭。因为镭的放射性最强。

欧内斯特·卢瑟福

1907年，卢瑟福已经从加拿大麦克吉尔回到英国曼切斯特大学工作，当时全曼切斯特总共只有7毫克镭，镭是很宝贵的。化学家拉姆塞与卢瑟福同时向奥地利的维也纳学会请求，想借他们仅有的半克镭使用。维也纳学会只好把这半克镭供伦敦大学的拉姆塞与曼切斯特大学的卢瑟福平分使用。

卢瑟福是个精力很充沛的

人，他的同事们有人会说："和卢瑟福打交道可不容易，谁也应付不了他那种精力。"由于卢瑟福那种对科学问题勇往直前抓住不放的脾气，有的人在他们一个较大的设备的房门上放了一个雕刻的鳄鱼艺术品，并偷偷地给卢瑟福起了一个外号"鳄鱼"。

鳄鱼不是很凶吗？难道说卢瑟福很凶？

不是，卢瑟福对他的学生与在他研究室工作的年轻人都很好，常常亲切地称他们为"我的孩子"。鳄鱼是不转头的，不转头地勇往直前，"吞噬"前面碰到的一切，这与卢瑟福对科学的态度有某些相像。

有了镭，卢瑟福首先让 α 射线在强磁场与电场中运动，像他老师汤姆逊研究电子那样，测定了 α 射线的电荷与质量的比值荷质比；他发现 α 粒子的荷质比与氦离子的荷质比一样。

早在 1895 年，化学家拉姆塞就在铀与钍的矿物中发现了氦气（至今工业上所需要的氦气还是从铀矿中提炼的）。当时贝克勒尔还没有发现放射性，贝克勒尔发现放射性是 1896 年，为什么氦这种惰性气体会在铀与钍的矿中出现成了一个谜。因为不可能通过水或空气将它带入，空气中含的氦气极少。1903 年，拉姆塞与卢瑟福的好友索迪，这两位化学家又指出在镭的样品中也发现了氦气。这种现象使他们相信氦气是与放射性密切相关的，最后用光谱分析方法确定了 α 粒子就是氦离子。

卢瑟福在测量了 α 粒子的荷质比后，还想数出每单位时间放射性元素放出的 α 粒子数。要是能数出 α 粒子的数目

来，那就太好了，再测得总电荷，就可以明确地得到每个 α
粒子所带的电荷。1908 年，卢瑟福与盖革实现了这个愿望。
他们最初能数出 α 粒子的计数器如下图所示：这里 A 为探
测器，用金属管做成；B 为一与金属管绝缘的金属丝，通过
以硬橡胶做成的探测器端点与静电计 E 相联接；D 为放放

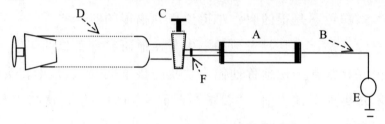

最初计数器示意图

射源的玻璃管，做得很长。为的是可以把放射性物质放在恰
当的位置，以便控制进入探测器的 α 粒子的数目。C 为一个
可以控制的活塞，可以变化通道小孔的大小，目的也是控制
进入探测器的 α 粒子的数目。当时卢瑟福希望每分钟进入 3
～5 个 α 粒子；F 为一很薄的云母片，它可以让 α 粒子通过
但气体不能通过。因为管 A 与 D 分别抽不同程度的真空，
D 管抽成真空的目的是让 α 粒子无阻碍地运动，而 A 管的
真空程度却很有讲究，要抽到 A 与 B 在一定的电压下，刚
好没有电击穿的程度。

　　大家都知道打雷，打雷就是自然界的电击穿。当两朵云
之间的电压高到一定程度时，使一些气体分子电离，离子在
电场中加速，与分子碰撞，又使分子电离，从而使气体成为
电通路，称为电击穿。在放电过程中，因有些离子被激发而
发出光来，同时因气体的急速膨胀和收缩而发出声音。现在

要将探测器 AB 之间的电压与管子中的真空程度调节到这样的程度，即没有 α 粒子进入时，AB 之间不通电，有一个 α 粒子进入，由于 α 粒子引起的分子电离，使得 AB 之间发生电击穿，静电计就发生偏转，表明进入了一个 α 粒子。在一段的时间内，探测器恢复原状，从电击穿到恢复原状的这一段时间，称为探测器的死时间。然后第二个 α 粒子再进入探测器，静电计又偏转一次，又记下了一个粒子。

当时的计数器计得很慢，一分钟只能记录 3～5 个。但重要的是可以把 α 粒子数出来了。后来盖革与他的合作者弥勒不断地研究计数器，缩短"死时间"，提高计数的次数。1928 年终于研究成功效率比较好的计数器，被称为盖革—弥勒计数器。

1903 年克鲁克斯与他的合作者又发现了一种以后在放射性测量中很有用的方法。若一屏幕用能发出磷光的硫化锌的微小结晶涂上，则 α 粒子打在屏上时可以发出闪耀的光点来。在屏前用一个放大镜就可以数出闪光的数目来。这个方法很有用，卢瑟福发现原子核的实验，就是用这方法探测 α 粒子的。

● 在一天之中由物理学家变成了化学家

好了，发现了放射性，说明了元素周期表中的元素的化学性质是可以变化的，当然不是点金石那样点石成金，而是遵从它们自己的自然规律。

假如我们用 $_nA^m$ 来表示一种元素，其中 A 为这种元素的化学符号，n 为其原子序数，m 为原子质量数。则可以把放射性的蜕变表示成如下的公式：

例如铀 238 放射 α 后变成钍 234　即可写成：

$$_{92}U^{238} = \alpha + _{90}Th^{234}$$

钍 234 放射 β 后变成镤 234　即可写成：

$$_{90}Th^{234} = \beta + _{91}Pa^{234}$$

放射性元素放一个 β 粒子，与一个中性原子丢掉一个电子完全不一样。一个电中性的原子若丢了一个电子成为离子，原子的化学性质不变。β 粒子虽然也是电子，但放射性元素放一个 β 粒子后元素的化学性质就变化了，变成了比原来的放射性元素的原子序数大 1 的元素。这些结果，是 1902 年卢瑟福与他的合作者，青年化学家索迪，在一篇论文《放射性的原因和本质》发表的。这是一篇划时代的论文，打破了原子是永恒不变的传统看法，原子可以变，通过放射 α 和 β 粒子可以自发地从一种原子变成另一种原子，这种重元素自发蜕变的理论立即轰动了科学界，卢瑟福被邀请到世界各地去讲学。1908 年，由于在放射性研究方面的杰出贡献，卢瑟福获得诺贝尔化学奖。

当时人们认为这是属于元素性质方面的研究，因而归入化学领域；这也说明了化学在研究放射性问题上的重要地位。当时卢瑟福还开玩笑地说："在一天中，我忽然从一个物理学家变成了化学家。"

●推翻老师的原子模型

英国物理学家汤姆逊是卢瑟福的老师。汤姆逊生于1856 年，他的父亲是作书店生意的，在他 14 岁那年，他父亲就去世了，因此家境比较困难。他学习很努力，靠奖学金维持学习，18 岁那年，就在老师的指导下完成了一篇科学论文《绝缘体之间的接触电位的研究》；1876 年考上了剑桥大学三一学院的数学研究生，1881 年就在剑桥大学三一学院当了研究员，1883 年获得亚当斯奖金，1884 年春被选为英国皇家学会会员，进入卡文迪什实验室工作；1897 年春他发现了电子。

发现电子，在物理学的研究上可以说是一个里程碑。在发现电子以前，人们以为物质的最小单位是原子，以为原子是不可分割的。虽然人们知道有"电"这东西，可是错误地以为"电"是一种像水一样的液体，电流在电线中流就像水在管子中流那样。当时经典物理学，在力学、电磁理论、热力学各方面都已经发展得比较完善。以致很多物理学工作者认为物理学已经没有什么可以研究的了，物理学好像是已经开采完的一座矿山，已经面临枯竭的危机。现在好了，原来原子中还有电子，原子不是不可分割的，原子还有结构。

原子到底是怎样构造的呢？在 20 世纪初期，探索原子内部结构成了物理学领域内最振奋人的课题。

汤姆逊提出了他的原子模型。他认为原子的正电荷（正

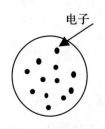

电子

汤姆逊模型

电荷数与原子序数一致）分布在一个球体上，这个球体的大小就是原子的大小；与正电荷数量相同的电子埋藏在这个球体中。这些电子若丢失了一个或几个，原子就成为带一个或几个正电荷的离子。

这个模型如图所示，有点像西瓜，正电荷分布在西瓜瓤上，电子像西瓜籽。

发现原子核的是卢瑟福的 α 粒子散射实验。

卢瑟福对放射性继续不断地进行研究，特别对 α 粒子的各种性质感兴趣：如各种材料对 α 粒子的吸收，α 粒子与别的原子的碰撞等等。1909 年，盖革与他助手马斯登在观察 α 粒子透过金属薄膜向各方向散射的情况时，第一次发现 α 粒子有大角度的散射，如下图所示，这是一种很异常的现象。

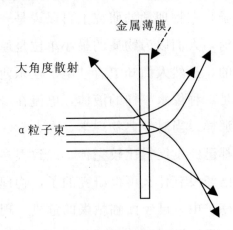

金属薄膜

大角度散射

α 粒子束

α 粒子的大角度散射

发现薄膜的原子量越大，出现 α 粒子大角散射的机会越多。当用铂（即白金）的薄膜让 α 粒子散射时，大约在 8000 个入射的 α 粒子中有一个散射角度大于 90°，即成为大角散射。

卢瑟福很注意这个现象。他要从理论上来解释与计算 α 粒子的散射过程。α 粒子通过白金薄膜会转弯，那是 α 粒子受到了原子的作用力。带电体之间的相互作用力与磁性物质之间的作用力，都与两物体的距离有关，距离近作用力大，随着距离的增加作用力减小得很快。α 粒子的转弯的大小，也与被碰的物体的重量有关，α 粒子比电子重 7000 多倍，一辆小汽车与一块小石头相撞，小石头不可能把汽车撞得转弯，因而使 α 粒子拐很大弯的不是电子，只能是带正电的部分。当时人们心目中的原子，是类似西瓜的汤姆逊模型，但是若 α 粒子在原子外（也就是相当于西瓜瓤外）通过，距离太远，作用力太小；若 α 粒子在原子内（也就是相当于在西瓜瓤内）通过，则两边的作用力相互抵消，也不能使 α 粒子拐很大的角度。

卢瑟福一边做各种散射实验，一边做计算，他终于觉得汤姆逊的原子模型与实际不符。唯一的可能是带正电荷的物体集中在一个很小的范围内，这就是原子核。1911 年，卢瑟福就根据他的实验结果提出了原子的核模型。盖革回忆当时的情况，他说：那天，他的室主任（即卢瑟福）走进他的房间，平静而又兴致勃勃地说，他已经知道原子是什么样的东西了。

原子的核模型与太阳系很有点类似：太阳在中间，行星绕着太阳转；原子核在中间，原子核带正电，正电荷数与电子数目相等，也就是元素在周期表上的原子序数；电子绕着原子核转。最简单的原子是氢原子，只有一个电子绕着氢原

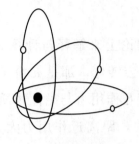

原子的核模型

子核转；氧气的原子就有 8 个电子绕着氧原子核转。原子核比原子要小很多很多，打个比方，若氢原子的电子是沿着 400 米的跑道在跑的话，氢原子核只有小拇指尖那么一点点。原子核虽然那么小，但原子的质量却主要集中在原子核上，氢的原子核就比电子重 1800 多倍。科学家就把氢原子核叫做"质子"。质子带正电，电量与电子所带的一样。一正一负，这样氢原子就电中性了。氧原子有 8 个电子绕原子核跑，氧的原子核带的正电荷也比质子大 8 倍，可是，氧的原子量却不是比氢原子核重 8 倍，而是重 16 倍。

难道氧的原子核由 16 个质子组成，可是氧的原子核的正电荷只有质子的 8 倍！

难道原子核里还有自由电子？譬如，氧的原子核是不是由 16 个质子与 8 个自由电子组成？这样既符合了原子核的质量数，又符合了原子核的电荷数！当时，有的科学家就这样想。可是科学家要相信一桩事，一定要凭实验或理论的证明，不能光凭想象。用已有的理论一计算，发现电子不可能在核里待住，就像一个稀疏的鸟笼，格子太大了，没法关住一只灵活的小鸟一样。卢瑟福当时也不清楚电子是如何藏在原子核中的，他想电子一定是与质子以某种人们还不了解的方法结合在一起的。

●魔瓶中的魔鬼被渔夫放出来了

为什么原子核的质量与其所带的电荷具有这么大的矛盾？到底原子核还存在什么秘密？到底原子核由什么组成的呢？

这个问题困惑着许多物理学家，一直到1932年查德威克发现了中子才解决了这个问题。查德威克是英国的实验物理学家，他是卢瑟福的学生和亲密的同事。由于卢瑟福用α粒子轰击重金属薄膜，从而得出

查德威克

原子的核模型，当时很多人都做类似的实验，1920年查德威克就测量α粒子通过铂、银、铜等的散射，并计算出这些元素的原子核所带的电荷，完全证实了卢瑟福的原子结构理论。但查德威克的主要贡献是发现中子。

1930年，玻特与贝克尔在用α粒子打铍时，发现会出来一种射线，这种射线不带电，因为带电的粒子电离本领大，而它几乎不能使电离室电离。它的贯穿本领非常强，能穿过很厚的铅版，在铅版中的半吸收长度为5厘米。

半吸收长度就是射线经过物质后被吸收了一半的长度。当时对不带电的射线，都以为是γ射线，从半吸收长度可以计算出γ射线的能量来，计算的结果这种γ射线的

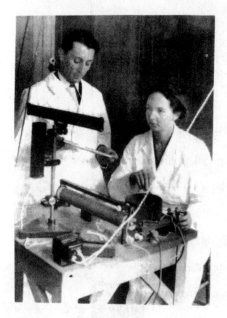

小居里夫妇

能量有 5 兆电子伏。兆电子伏是一个能量的单位，一个电子在一个伏特的电压下加速所获得的能量为一个电子伏，100 万电子伏为 1 兆电子伏。

这奇怪的射线引起了很多科学家的注意，居里夫人的女儿与女婿，伊雷娜·居里和约里奥·居里（常称他们为小居里夫妇）也研究了这种射线。他们让这种射线通过石蜡，发现这种射线能从石蜡中打出很多质子来。

石蜡是有机物，是碳氢化合物，里面有很多氢。质子是氢的原子核，当然就有很多质子。小居里夫妇坚信那种射线是 γ 射线。

γ 射线是一种电磁波。但 γ 射线与物质相互作用时，特别是与其他粒子碰撞时，表现出像一个粒子。从 19 世纪末 20 世纪初的一系列物理现象，使得物理学家改变了原来的老概念，认为物质有着波与粒子的两重性，因而光既可以看成是电磁波，也可以看成是粒子，γ 射线被看作粒子时，被称为 γ 光子。

γ 光子是很小的，比质子小多了。小居里夫妇计算光子要能打出质子来需要多大的能量。

一块小石头要把一块大石头打飞了，必须小石头飞得很快，也就是能量很大。小居里夫妇计算出来的 γ 光子的能量有差不多 50 兆电子伏，比用吸收的半长度估算的能量要大 10 倍，大得谁也不敢相信。但是小居里夫妇做的实验很重要，因为实验说明这种大家还不知是什么的射线很容易打出质子。

年轻时代的王淦昌

要是眼睛能看见这种射线就好了。

的确，要是眼睛能看到这种射线，能看到这种射线打出质子的过程就好了。当时我国的老一代物理学家王淦昌先生还是一个学生，正在德国柏林大学留学，在梅特纳尔教授指导下从事 β 射线的研究。他知道了小居里夫妇的实验结果，他向老师建议用云雾室来观察这过程。

用云雾室就可以看到射线运动的轨迹，可以看到质子向什么方向飞去，能飞多远。但是柏林大学当时没有云雾室，梅特纳尔教授又热衷于自己的研究课题，没有接受王淦昌先生的建议。

云雾室原理说起来简单，要做成云雾室，让其中充满过饱和水蒸气也不是很容易，但也不是很难，问题是当时王淦昌先生还是一个学生，他要是自己有个实验室就好了，那发现中子的荣誉就可能落在王淦昌身上了。1932 年查德威克也想到用云雾室，他终于利用云雾室拍下了该射线撞出的质子的踪迹。利用踪迹，通过计算得出结论。这种射线是一种新的粒子，质量与质子差不多，但不带电；他把这种粒子取名为中子。

发现了中子后，大家知道原子核就由质子和中子所组成的了。质子的数目与原子核外的电子数目相等，决定了该原子的化学性质；中子的数目却可以略多几个。如普通的氢，原子核由一个质子组成；有一种氢，原子核由一个质子与一个中子组成，这种氢叫重氢，学名叫氘；还有一种氢，原子核由一个质子与二个中子组成，这种氢学名叫氚。

原子核内质子和中子的总数称为核的质量数，核的质量近似地和质量数成正比。

发现了中子，在核物理学上是一件大事。刚一出现中子，有些有先见之明的物理学家就断言中子可能是打开原子中巨大能量的钥匙。在中子发现后不久，匈牙利的物理学家豪特曼斯在寄给柏林技术学院的文章中就肯定地说："这一极小的粒子可能成为释放沉睡在物质中强大力量的最好工具。"

当时有一个青年历史学家保罗·兰捷文曾经说："希特勒，他还不是像所有的暴君一样，毁灭的日子已经不远了，我更担心的是另外一件事，这不是别的，是可以让世界比希特勒这疯子带来的损失更大的东西，我们现在已经面对它了，它就是中子。"

这位年轻的历史学家是用悲观的眼光来看中子的，他把中子看成《天方夜谭》中被渔夫放出来的"瓶子中的魔鬼"。的确，后面将讲到，中子正是人类找到巨大能源的工具，也是点燃原子弹的火种。中子是自然界的客观存在，科学家一旦掌握了它，就能让科学发挥无限的威力。这种科学的威力，到底是为人类造福还是危害人类，就要看科学掌握在什么样的人手里，看科学为什么服务。

天方夜谭中的渔夫与魔鬼

●人工放射性的发现

约里奥·居里与伊蕾娜·约里奥·居里夫妇在实验中接触到那么多中子，保守的思维让他们错失了认识中子，科学工作中不敢认识新事物是很令人叹息的。但他们俩还是很有成就的，他们发现了人工放射性。1934 年，他们用钋发射的 α 粒子轰击铝箔，发现移去 α 粒子源后，铝箔仍有放射性，其衰减的规律与天然放射性元素一样。实际上，铝吸收了 α 粒子后，放出一个中子，自己变成磷，磷具有放射性，为人工放射性元素；磷放出一个正电子后成为矽，矽就是稳定的元素了。其反应过程可以用下面的式子表示：

$$_{13}Al^{27} + {_2}\alpha^4 \longrightarrow {_{15}}P^{30} + {_0}n^1$$

铝　　　　　　磷　中子

$$_{15}P^{30} - \beta^+ \longrightarrow {_{14}}Si^{30}$$

磷　正电子　矽

小居里夫妇还用 α 粒子去轰击其他元素，也得到人工放射性。小居里夫妇就因发现人工放射性而获得 1935 年的诺贝尔化学奖。

　　人工放射性元素有很大的用途，现代工业、农业、医学上很多示踪元素，就是人工放射性元素。例如肥料中含磷，如加入一点人工放射性的磷，就可以研究植物如何吸收肥料的过程。

五、伟大的时刻

●能给老师开课的学生

要了解原子的内部结构，物理学家都是用粒子去轰击原子，通过轰击来了解神秘原子的内部秘密，除了这方法没有别的更好办法。卢瑟福正是充分利用了 α 粒子这个炮弹才弄清楚了原子内部有一个原子核。现在有了中子，中子可是一个比 α 粒子更好的炮弹。

为什么是更好的炮弹呢？

因为 α 粒子是带正电的，原子核也带正电，同性电相斥，因而 α 粒子不容易接近原子核，只有能量较大的 α 粒子才能接近原子核而引起核的变化。而中子是中性的，不带电，就能无限接近原子核，甚至跑到原子核里面去。

自从发现了中子，并做成了中子源后，欧洲各有名的实验室都纷纷做起了有关中子的实验。他们用中子去打各种原子。有时中子被某种原子的原子核吸收了，该原子核就多了一个中子。但核中的中子也会变化，会放出一个电子而变成质子，这样原子核就多了一个质子。原子核的质子数目的多少意味着原子的化学性质不同，原子核的质子数就是元素周期表上的原子序数。

有了中子，现代的"点石成金"就能实现了！

恩里科·费米

这里特别要向大家介绍的是恩里科·费米。费米1901年出生于意大利罗马，是一个铁路段长的儿子。他从小就很聪明，少年时就与比他只大1岁的哥哥制造出自己设计的电动机，还绘制出飞机引擎的草图，专家们看了都不相信是孩子的作品；可惜他的哥哥在14岁时不幸去世了。

费米小时候不爱干净，不爱洗脸，从不梳头，见到大人很害羞，上小学时写字写得很不好，老师对他的回答问题也常常不满意。

老师要向他爸爸妈妈告状了吧？他爸爸妈妈要打他了吧？像所有的中国孩子那样？

不，他爸爸妈妈从来不打他。何况他哥哥死后，他妈妈一直沉浸在悲哀中。费米为了减轻自己对哥哥的思念，发奋学习，他先是对数学，而后是对物理发生了很大兴趣。他没有多少零花钱，他父亲又没有什么藏书，因此他成为一个卖各种旧物与旧书的市场——百花市场——的常客，他常常耐心地在旧书摊上搜寻。有一次他带回来两卷论数学与物理的书，这是一位名叫安德列·卡拉法的神父写的。费米在家里念这书，在他旁边学习的姐姐，老被他兴奋的自言自语所打断："真有意思！波是这样传播的！""妙极了！他解释了行星的运动！""啊！海洋的潮汐是这样发生的！"等。他是为自己的兴趣而学习，不是作为老师与家长的要求而学习，因而他不用怎么做功课就能保持在班上名列前茅。

费米当时有一个很要好的小朋友佩尔西科，他比费米大1岁，等于代替了费米失去的哥哥。他们两人常常在一起做他们感兴趣的科学问题，用简陋的方法做测量磁场的试验，两个人一面玩陀螺，一面研究陀螺的奇妙运动。

费米与他的朋友佩尔西科对陀螺的奇妙转动仔细地研究起来，一会儿用快转，一会儿用慢转，期望能揭开陀螺的轴到底在什么情况下开始转圈圈的谜。他那种从小就有的抓住问题不放的精神，以后一直贯彻到他的科学研究工作中。1918年他只有17岁时，就进入比萨大学，比萨大学的入学考试是让费米写一篇论弦的振动的论文，在论文中他运用了他自己学习的许多知识，使得一位主考的教授大为赞赏。

比萨大学在物理上不是一个有名的学校，费米的一位老师的物理学知识还不如费米，他甚至要费米给他讲理论物理课，费米真毫不客气地给他老师开了一门爱因斯坦相对论的课。1922年，费米获得博士学位，同年冬天，费米获得意大利教育部的奖学金，到德国格丁根大学随 M·玻恩工作，后又去荷兰莱顿大学随 P·厄任费斯特工作。玻恩与厄任费斯特都是当时著名的理论物理学家，玻恩是量子力学的奠基人之一；厄任费斯特在热辐射以及凝聚态的相变方面做了不少工作。但由于他们周围有着不少出类拔萃的人物，费米并没有获得应有的重视。1924年费米回到意大利，在罗马大学任教；1925年到佛罗伦萨大学任讲师。1926年秋天，又回到罗马，罗马大学理学院为费米专门设立一个新讲座——理论物理学讲座。参议员、物理实验室主任柯比诺对他评价很高，他说，像费米这样的人才，每个世纪只有一两个。1926年，费米当时还不满25岁，他就根据泡里不相容原理，提出了电子应该服从的统计规律与普通温度下的气体分子的统计规律不同。电子服从的统计规律就是以费米命名的"费米统计"。

费米很了不起，但他并不总是成功的，他有时也受到挫折与烦恼。

●中国科学家的骄傲

当发现放射性后，大家对β衰变的能量问题无法解释。一个放射性元素，若放出一个α粒子而衰变成另外的元素时，α粒子的能量是固定的，即只有一种；而一个放射性元素放出一个β粒子而衰变时，放出的β粒子的能量却不是一种，而是连续变化的。为什么放出的β粒子的能量会连续变化呢？当放出的电子的能量少于最大能量时，多余的能量到哪儿去了？自然界有着能量守恒定律，即能量可以从一种形式变换成另一种形式，可以从一个物体转移到另一个物体，但总的能量之和不变。β衰变不能违背能量守恒定律。

当时提出泡里不相容原理的泡里，在 1930 年提出一个假设，他认为 β 衰变放出 β 粒子时一定还放出另外一个中性粒子，这个粒子很难测量到就是了。由于在实验上没有测到这个粒子，因而很多人并没有注意泡里的假设。但比较敏感的费米就注意到了，他根据这假设从理论上进行研究，在 1933 年提出了他的 β 衰变理论。这理论不久就被认为是费米的重要工作之一，但在当时，费米将他的论文《试论 β 射线的理论》送到英国的《自然》杂志上，却被认为不合适而退了回来。后来用意大利文发表在《科学研究》和《新杂志》上，后又用德文发表在《物理学》杂志上，始终没有用英文发表。

物理学是实验科学，物理上的理论必须有实验的证明才会被人们公认，伴随着 β 粒子发射的中性粒子（后称为中微子）的理论也必须有实验的支持。1941 年，我国学者王淦昌首先提出了一种观察中微子的方法。王淦昌的论文在 1942 年 1 月的《物理学评论》上发表后，美国物理学家阿伦在 1942 年 6 月在《物理学评论》上发表了《一个中微子存在的实验报告证据》的实验报告，他的实验完全是按王淦昌的论文建议下做的。

为什么王淦昌在国内不自己做这个实验呢？

那时中国正处在抗日战争年代，王淦昌先生在浙江大学任教。抗日期间，浙大迁移到贵州湄潭，条件非常艰苦，有时候没有电，自己用一个手摇的发电机发电。但即使艰苦，王淦昌先生也是下决心要做这实验，后来因人手不够，王先生就把自己的建议作为文章发表，想引起世界上有条件的科学家注意，让他们去做。美国科学家阿伦就按王淦昌的建议完成了。

现今，中微子物理是一门与粒子物理、核物理、天体物理等息息相关的新兴分支学科，中微子的研究直接关系到探索宇宙的秘密。中微子有很强的穿透性，从南美洲发出的微子可以直透地球到达北京，科学家们有希望将中微子用在通讯技术上，也有希望应用中微子对地球做断层扫描。

●两个穿着肮脏工作服的"运动员"

在小居里夫妇发现人工放射性的最初两篇文章发表以后，费米立刻开始去做类似的工作，他不是和小居里夫妇一样用α粒子去轰击各种原子，而是用中子去轰击，观察由中子引起的效应。他们开始时，可以说一无所有。没有盖革计数管，费米自己动手做。

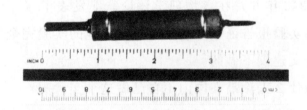

1934年费米实验室的计数管

中子源更是问题。当然最好是用镭铍中子源。但镭是很贵的，1克镭需要约3.4万美元，费米他们实验室没有那么多经费买镭。幸亏当时用他们物理楼房子的有"公共卫生

部"的物理实验室，他们有 1
克镭，放在地下室的保险柜里，
还有一套从镭提取氡的设备。
镭放出一个 α 粒子后就变成氡，
氡也放射 α 粒子，费米他们就
决心收集氡，将氡和铍放在一
起，让氡放出 α 粒子去轰击铍
而得到中子。这样既能达到自
己的目的，又可以不去动用那
么昂贵的镭而引起"公共卫生

1934 年费米集体的实验室之一

部"的不满。因而费米他们用的是氡铍中子源，氡是气体，
用起来很不方便。他们把氡气收集到玻璃瓶里，有时玻璃管
会爆炸。因而他们将收集氡气的玻璃瓶放在低温的液态空气
里。液态空气可以给实验提供一个低温的区域，使氡在低温
时略有些凝聚，可以避免爆炸。他们把氡从地下室拿到实验
室后就把它与铍混在一起做成氡铍中子源，这种中子源每秒
能发射 10 兆个中子。由于氡的半衰期只有三天多，因而他
们要不断地到地下室去收集氡。

　　费米他们系统地按周期表从轻到重一个一个元素用中子
照射，看哪些元素能被激活；所谓激活，就是普通元素被中
子照射后成为放射性元素。费米让善于采购的赛格里负责采
购各种元素，而他自己与阿玛尔迪自称为长跑运动员，负责
跑着把经中子照射过的元素从一条长廊的这一头的实验室拿
到那一头的测试室去测量。

　　不能在有放射源的实验室测试经照射后的元素，因为那

样会分不清测到的放射性到底是从哪儿发出的。要跑的原因是怕被激活的元素的放射性半衰期很短，要抓紧时间测量。有一次一个西班牙科学家来找当时已经颇有名气的费米，当他走到那长廊时，看到两个穿着肮脏工作服的年轻人，手里拿着什么东西，疯子似地从长廊一头跑道另一头，过一会儿又疯子似地跑回来，他根本不相信其中有一个就是他要找的费米。

费米他们从最轻元素开始一个一个地让中子照射，结果都是失败的。一直到用中子打氟和铝时，才成功地在盖革－弥拉计数器上获得几个 β 粒子的记数。氟已经是周期表上的第 9 个元素，前面的 8 个元素都没有被中子激活。氟的质量数为 19，吸收了一个中子，质量数就多 1，成为氟 20，氟 20 放射一个 β 粒子，它就变成另一种元素，氖 20。其反应式可以如下表示：

$$_0n^1 \quad +_9F^{19} \quad \rightarrow_9F^{20} \quad \rightarrow \quad _{-1}\beta^0 + \quad _{10}Ne^{20}$$

中子　　氟　　　氟　　　β粒子　　氖

铝的反应式类似，为：

$$_0n^1 \quad +_{13}Al^{27} \rightarrow_{13}Al^{28} \rightarrow_{-1}\beta^0 \quad +_{14}Si^{28}$$

中子　　铝　　　铝　　β粒子　　矽

激活了的氟，半衰期很短，只有 11 秒，怪不得费米与阿玛尔迪要使劲地跑；激活的铝，半衰期略长一点，为 2 分钟多一点。

氟与铝的激活成功，使费米信心百倍。在 1934 年 4～6 月，费米领导下的集体用中子照射了 60 个元素，其中有 35 个元素发现了 44 种不同的放射性。

为什么 35 种元素有 44 种放射性？放射性的种类比元素多？

不同的放射性是以不同的半衰期为标志的。有的经中子照射后，会发生两种不同的变化。例如磷，它的原子序数为 15，质量数为 31，一种变化是吸收一个中子后，发生 β 衰变变成元素硫 32，即：

$$_0n^1 + _{15}P^{31} \rightarrow _{15}P^{32} \rightarrow _{-1}\beta^0 + _{16}S^{32}$$

　中子　磷　　磷　　β粒子　硫

另一种变化为磷吸收一个中子后，放出一个质子，变化为矽 31，矽 31 也是放射性元素，放出一个 β 粒子又成为磷 31，即：

$$_0n^1 + _{15}P^{31} \rightarrow _{14}Si^{31} + _1H^1$$

　中子　磷　　矽　　质子（即氢核）

$$_{14}Si^{31} \rightarrow _{-1}\beta^0 + _{15}P^{31}$$

　矽　　β粒子　磷

因而磷被中子照射后，可以测到两种不同半衰期的 β 粒子，前者的半衰期约为 14 天，后者的半衰期约为 3 小时。

元素经中子照射后最后到底变成什么，要靠化学分析确定，要知道用化学分析来确定这些成分也是很不容易的，如有的元素寿命很短，就无法进行化学分析。当时反应产物中有 16 种的化学性质已被组里的化学家们确定。那时他们组里不但有化学教授 O.达戈斯蒂诺，还有达戈斯蒂诺的学生普迪卡诺夫。普迪卡诺夫 1934 年 7 月刚通过了他的博士论文考试，1934 年 9 月，他就加入了他们的集体。

●获得超铀元素的愿望

从上面两个具体的例子可以看到，氟被激活后，变成了氖，氖的原子序数比氟大 1；铝被激活后，变成了元素矽，矽的原子序数比铝大 1。当时周期表上原子序数最大的元素是铀，原子序数为 92。假如中子能把铀激活后也放出一个 β 粒子，则可以得到原子序数为 93 的超铀元素。

当时人们知道的最重的原子是铀，它的原子核有 92 个质子，中子有 143 个到 146 个不等。大家很喜欢拿中子去打铀，希望铀原子核吸收中子后放一个电子，这样就能得到质子数为 93 的新元素（也就是具有不同化学性质的新原子核）。

但是在用中子照射原子序数为 90 的钍与原子序数为 92 的铀时，却出现了异常。照射钍时，发现了两种以上不同半衰期的放射性，照射铀则发现了四种以上不同半衰期的放射性。

用中子照射元素引起的反应，除通常吸收中子后放射 β 粒子以及上面所举的磷 31 吸收中子后放出质子的情况外，还可以有吸收中子后放出 α 粒子的反应。费米他们在用中子照射各种元素时，这些反应都分析出来了。他们觉得用中子照射各种元素时，除了发射氢核与氦核外，不可能再有其他核反应能被观察到。费米在物理理论上也有很高造诣，从理论上看，带电粒子从核分离必须克服强大的库仑位垒的作用，不可能有比 α 粒子更大的粒子放出。因而对中子照射钍和铀出现的奇怪现象，费米得不出很好的解释。

他们不会用化学分析的方法来看看变成什么了吗？

在 20 世纪 30 年代，中子源的强度比较弱的情况下，要准确地确定反应物的化学性质不是一件容易的事。因铀本身具有放射性，必须不断用化学清洗方法来除去它的衰变产物；在中子轰击铀所得的四个放射性中，他们对半衰期为 15 分钟及 90 分钟的两个放射性研究得最详细。他们发现，这两种物质能用化学方法与原子序数从 82（铅）到 92（铀）的元素分开，而且它们两个也能彼此分开。按照费米等对所有元素研究的结果得出的经验，他们认为，这两个元素可能是超铀元素。但也只是可能，还没有把握肯定。虽然很多奇怪现象没有弄清楚，他们还是写了一篇叙述他们可能发现 93 号元素的一些迹象的报告给《科学研究》杂志。

这里，费米他们犯了一个可以理解的错误，他们预期 93 号元素应该与铼（Re）相似。当时还不知道锕系族存在，则 93 号正好排在铼下面，与序数为 43 的锝（Tc）以及原子序数为 25 的锰（Mn）同属 VIIB 系，用门捷列夫的话说，为一准铼元素；但实际上，这是裂变的产物，是原子序数为 43 的锝（Tc）的同位素，当时，周期表上锝的位置还空着，三年后，由化学家皮里尔与瑟格勒用其他方法发现了锝，证明了其性质的确与铼很相似。当时费米他们把锝以为是原子序数为 93 的超铀元素了。

部分元素周期表

24 铬	25 锰
34 硒	35 溴
42 钼	43 锝
52 碲	53 碘
74 钨	75 铼
84 钋	85 砹
92 铀	93

发现超铀元素是件大事，参议员科比诺在国王出席的林赛科学院会议上发表了一篇演说，认为他的"孩子们"已经发现铀后元素了。他的演说引起了当时法西斯执政的意大利轰动。法西斯报纸大肆宣传什么"法西斯主义在文化领域的胜利"。当时费米感到很不安，他不赞成科比诺这样做，他觉得要说发现了93号超铀元素为时太早，还有很多问题没有弄清。

1934年秋天，在一个偶然的机会，费米他们发现用慢化了的中子照射元素时获得放射性要比快中子效率高得多。

怎样把快中子慢化？

有一次一个年轻的学生与阿玛尔迪做用中子照射某些金属的实验，他们总是把被照射的金属做成圆筒，将中子源放在圆筒中间，为了不让圆筒产生的放射性射线伤害人的身体，将圆筒放在铅盒里。他们在做实验时，发现圆筒放在铅盒的不同地方——中间或边缘——圆筒出现的放射性不同。百思不得其解，跑去问费米，费米让他们在中子源与圆筒之间放上各种物质试试。结果发现石蜡的效果最明显，即中子经过石蜡后效果更好了。费米又建议中间用水，要用数量可观的水。他们这些人对做实验是兴趣很大的，任何困难都难不倒他们，他们把实验放到柯比诺的私人花园的喷水池中去做了。结果发现大量的水的效果与石蜡一样可观。费米得出结论，这是由于中子经过石蜡和水后，中子与石蜡和水中的质子（即氢核）碰撞，损失了能量，快中子成为慢中子的缘故。因为石蜡和水都是含氢很多的物质。

为什么一定要与质子碰撞才损失能量？

并不是只有与质子碰撞才损失能量，而是与质子碰撞，中子的能量损失最快。打个比较极端的比方吧！一个大铁球若高速滚动着与一个静止的小乒乓球碰撞，虽然可以把小乒乓球碰得运动起来，但基本上不会对大铁球的运动有太大的影响，也就是说大铁球的能量损失很少。若一个高速滚动着的小乒乓球，与一个静止的大铁球碰撞，大铁球也许只摇晃一下，乒乓球可能被碰得换了方向，但运动的能量几乎没有损失。这说明了中子与小得多的粒子相碰或与大得多的粒子相碰，都不会损失很多能量，而只有与自己质量差不多的粒子相碰，能量才损失的比较多，这在力学上是不难计算的。

那为什么慢中子照射后使元素变成放射性的效果要好呢？

一种本来不是放射性的元素，被中子照射后成为放射性是因为吸收了中子。若把吸收中子的过程想象为一个高尔夫球掉进洞穴中，则一个慢慢滚动的高尔夫球掉进洞穴中的机会要比一个高速滚动的球大得多。当然这只是一个比喻，中子与核的作用要复杂得多。

发现可以把中子慢化，并且元素吸收慢中子的效率更高以后，费米转向用慢中子做试验。由于中子核反应的发现，以及在中子核反应问题上做出了杰出的成绩，费米获得1938年诺贝尔物理学奖。

当时，意大利处在法西斯的统治下，费米在罗马只待了12年。1938年夏，意大利公布了种族法律，虽然不直接影响费米，但他的妻子出身于犹太家庭。在1938年12月初，费米带着全家到斯德哥尔摩去领取诺贝尔奖金，不再回意大利，从瑞典直接到了纽约，他已经在哥伦比亚大学获得一个教授位置。

● 欧洲三个著名实验室的对垒

正当罗马实验室的工作告一段落，费米转向慢中子的研究时，哈恩、梅特纳尔（德国柏林）和小居里（法国巴黎）两组人马进入了对铀的研究，这都是在核物理和核化学方面取得巨大成就的工作队伍。哈恩（1878～1968）是著名的核化学家，是达哈姆实验室的负责人，他曾在蒙特利尔与卢瑟福一起工作，发现了一些放射性元素，并与梅特纳尔一起发现核的同质异能态。

同质异能态与同位素不同，同位素是原子序数相同而质量数不同的元素，也就是说是组成原子核的质子数相同而中子数不同的元素；而同质异能态的质子数和中子数都相同，只是原子核的能量不同而已。

梅特纳尔是犹太人血统，于 1878 年出生在奥地利的维也纳，是著名物理学家普朗克的学生，后来成了哈恩的坚定的合作者并在同一实验室工作，是一位与居里夫人齐名的女核物理学家，我国的核物理学家王淦昌教授是她的学生，就在她的实验室工作过一段时间。后来，优秀的分析化学家 F. 斯特莱斯曼（1902～1980）加入了他们的集体——达哈姆实验室，雄厚的化学力量成为这实验室的一个特色。梅特纳尔是犹太人，哈恩和斯特莱斯曼又是纳粹的强烈反对者，德国的法西斯统治使得达哈姆实验室惶惶不安，工作条件非常困难。

哈恩与梅特纳尔用与罗马及巴黎同样的中子源，从证实罗马实验室工作的结果开始，做了不少工作，发表了不少论文，他们早期的论文可以说是错误和正确的混合物，其复杂性可以与中子轰击铀得出的放射性媲美，这种对铀工作的混乱情况延续了很长一段时间。哈恩、梅特纳尔和斯特莱斯曼得到一确实且重要的结果，即确定了产物中有铀 239，放射半衰期为 26 分钟的 β 射线。他们在德国自然杂志上发表了不少文章，文章的带头人是哈恩与梅特纳尔，到 1938 年 7 月，斯特莱斯曼才以一个年轻的合作者出现在论文中。1937 年，在德国物理杂志上以及化学杂志上有一篇他们工作的综述，叙述了他们发现了原子序数从 92～95 的 12 种同位素，最令人吃惊的是，提出了当时还未发现、现在也很少的双重同质异能态，甚至现在也未发现的三重同质异能态（即一个核素具有两种或三种同质异能态）。

部分元素周期表

钨 74	铼 75	锇 76	铱 77	铂 78	金 79
铋 83	钋 84				
铀 92	93	94	95	96	97

哈恩与梅特纳尔领导的柏林研究组关于铀的工作，完全循着费米的思路，犯了与罗马实验室同样的错误，注意力全集中在超铀元素方面。但他们很细致地成功地测出了中子轰击铀后的几种放射性，实际上这些不同的放射性是裂变的碎片发射的，但他们没有想到碎片这概念，只是想到超铀元素，下面是他们排出的几个反应的例子：

（1）铀吸收中子后放一个 β 粒子（半衰期 10 秒）成为 93 号元素，再放一个 β 粒子（半衰期 2.2 分）成为 94 号元素，再放一个 β 粒子（半衰期 59 分）成为 95 号元素，再放一个 β 粒子（半衰期 66 小时）成为 96 号元素，再放一个 β 粒子（半衰期 2.5 小时）成为 97 号元素。

（2）铀吸收中子后放一个 β 粒子（半衰期 40 秒）成为 93 号元素，再放一个 β 粒子（半衰期 16 分）成为 94 号元素，再放一个 β 粒子（半衰期 5.7 小时）成为 95 号元素。

（3）铀吸收中子后放一个 β 粒子（半衰期 23 分）成为 93 号元素。

在他们组里，并没有弄清楚这些超铀元素的化学性质到底是如何，只是推想应该如此而已。这样的结果是很成问题的，怎么有三种不同半衰期的 93 号元素？难道有这么多的同质异能态？而且这些同质异能态又能衰变成 94 号的同质异能态？这是难以想象的。

在小居里夫妇领导下的巴黎实验室也在做中子照射铀的实验。小居里夫妇领导的巴黎实验室有很高的放射性物理与化学的水平，我国著名的核物理学家钱三强与何泽慧夫妇是他们的学生；我国科学技术大学放射化学教授杨承宗也曾在他们实验室工作过相当长时间。当时巴黎实验室的思路与罗马实验室相同，也一心在追求能得到 93 号元素。在 1935 年5 月，他们在用中子照射钍后的溶液里分析出了原子序数为57 的镧，这其实就是核裂变的产物，假如他们能再前进一步，发现核裂变的荣誉就归他们了。但可惜的是他们没有想到裂变上去，他们以为分析出镧来是分析错了呢。

小居里夫妇差一点发现中子，现在又差一点发现裂变，都是差一点，真可惜。

●不能轻视小人物的建议

当时要物理学家接受铀原子核会裂变成两个原子核的概念是很难的。1934 年正当意大利的报纸在极力吹嘘罗马实验室得到超铀元素时。1934 年 9 月 10 日，在德国布里斯高弗莱堡大学化学学院的一对年轻夫妇伊达·诺达克与瓦尔特·诺达克，在柏林的《应用化学》杂志上发表文章《关于93 号元素》，她在文章中批评了罗马实验室的化学工作，并

伊达·诺达克

提出了新的观点。她在文章中这样写道："在中子轰击铀的实验分析中，人们只考虑到吸收了中子的铀放出一个质子或一个α粒子，因而所得的元素都在铀附近，人们应该想到，被中子轰击的铀也许能分裂放出比α粒子更大的核来……"。由于诺达克没有考虑费米他们在重到像铅（原子序数为82）、铋（原子序数为83）这样的33个元素，都已经成功地出现"吸收中子后放出γ射线，成为新的人工放射性元素，再放出β粒子成为周期表上后一个元素"的实验事实，而且她对于铀可能裂变成两块甚至相等的两块没有提出有力的论据，因而以费米为首的罗马实验室，很快完全置诺达克的意见于不顾，对他们来说，用对原子序数较低时已成功的理论来分析铀的现象要顺理成章得多。

诺达克的文章，罗马实验室的E.西格里，在柏林的哈恩和梅特纳尔，在巴黎的小居里夫人都看到了，假如这些人当中任一个人能把握她文章的重要意义，则核裂变在1935年就发现了。为什么大家对诺达克的文章那么不重视呢，原因是她文章的重点在于指出费米实验室在化学方面的缺陷，只注意93号元素而不去作全面的化学分析；她自己也没有明确铀可能裂变的想法，没有去追求这个目标，完全有条件做此实验的诺达克自己也没有用实验来验证她的裂变想法，因而接下来的三年中物理学家们都在致力于能得到92号附近元素的核反应。尽管诺达克夫人和她的丈夫是稀土元素分析方面的杰出权威，诺达克夫人在结婚前已经发现了一个未知元素铼。诺达克夫妇与哈恩比较熟悉，有一次诺达克向哈恩建议，问能否在哈恩的讲课以及自己的著作中提到他们对费米实验的批评。哈恩回答说，他不想把诺达克夫人拿出去当笑柄，因为他认为她关于铀分裂成几个大碎片的假定，纯粹是谬论。

费米他们的罗马实验室对诺达克夫人的意见也不重视吗？

一个人的一生中，有时批评比表扬起的作用更大。费米实验室的成员后来回忆说，他们当时满足于哈恩与梅特纳尔以及小居里夫妇等对他们的支持，对诺达克夫人的反对意见没有重视，是非常可惜的。哪怕他们为了反驳诺达克夫人，再细致地做一些有关的实验，也许发现核裂变的荣誉就归他们了。

●划时代的发现

小居里夫妇领导的巴黎实验室是很出色的实验室，为中子的发现、正电子的发现、核裂变的发现都做了不可磨灭的工作。他们的法国巴黎实验室与哈恩、梅特纳尔的德国柏林实验室是势均力敌的两个实验室。两个实验室展开了竞争，梅特纳尔小姐很喜欢指责小居里夫人的工作。早在1933年10月在布鲁塞尔一次物理讨论会上，小居里夫妇提出他们用中子轰击铝的报告。他们的报告引起与会者的激烈的争论，梅特纳尔声称：她也做过同样的实验，但没有得到类似的结果，她认为小居里夫妇的实验结果是不可靠的。小居里夫妇回到巴黎后，又认真重新开始自己的工作，在这些工作的基础上，终于在 1934 年发现了人工放射性元素。

由于柏林研究组对巴黎研究组的工作老是抱着不信任的态度，因而哈恩也很不重视巴黎研究组所发表的文章。在 1937 年与 1938 年间，巴黎研究组里约里奥·居里夫人（即小居里夫人）与她合作者萨维切连续发表了三篇文章。第一篇文章主要说了如下几点：第一点说明用中子轰击铀希望得到人工放射性元素时，由于铀自己的放射性衰变的产物，也有放射性，这放射性与人工放射性混在一起，对测量互相干扰。可以把干扰的情况用一个图来表示，如下图所示，第一

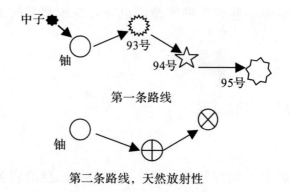

中子轰击铀的示意图

条路线表示铀吸收了一个中子后，放射一个 β 粒子后变成 93 号超铀元素，若再放一个 β 粒子可以成为 94 号超铀元素，再放一个 β 粒子成为 95 号超铀元素，这是他们希望得到的结果。但有的铀虽然没有吸收中子，由于铀是天然放射

性元素，它自己会放射 α 粒子而衰变成其他元素，该元素又会放射粒子而衰变，一直下去，在图中以第二条路线示意。要想获得超铀元素，必须要把因铀的天然放射性产生的产物去掉。第二点说明用化学的方法分开这些超铀元素是比较困难的；第三点说明用慢中子与快中子所得结果是一样的。并说明他们测得几种半衰期为 59 分钟、2.7 天以及 23 分钟的结果，与柏林实验室所得结果一致。最后，也是非常重要的是，小居里夫人想了一个好主意，在中子照射铀以后，放弃对放射性铀去做化学处理，而是采取用薄膜将放射线吸收掉的方法来分开各种放射性。

因为化学处理起来比较难，也比较容易把新元素混在废渣里面丢掉。他们采取了这种方法后，就发现了以前没有发现的一种半衰期为 3.5 小时的放射性元素，这种放射性强度很大，可以穿透每平方厘米 0.73 克的铜板。这篇文章发表后不久，他们又发表第二篇文章。在第二篇文章中他们用化学方法分析了这半衰期为 3.5 小时的放射性元素，其化学性质很像镧 La，他们认为可能是锕。这其实是裂变的产物镧 141（La^{141}），但他们没有抓住它，而以为是锕的同位素。

部分元素周期表

钡 56	镧 57	铈 58		
汞 80	铊 81	铅 82		
镭 88	锕 89	钍 90	镤 91	铀 92

为什么他们会把镧认为是锕？

我们看上面的部分元素周期表，因为镧与锕在周期表上是属于同一族，同一族的元素具有相似的化学性质，当时他们的脑子中总觉得铀经过中子的照射后，只能得到铀附近的元素，因而想应该是镭。第二篇文章发表后，他们继续做实验，不久发表了第三篇文章。第三篇文章中他们说已经把镭分离出来了，但是半衰期为 3.5 小时的放射性不在镭内，也就是说，半衰期为 3.5 小时的放射性是另外一种元素，它的化学性质像镧，但他们不敢肯定是镧。现在我们知道，裂变碎片中除了镧半衰期为 3.9 小时，比较接近小居里夫人测定的半衰期为 3.5 小时的元素外，还有原子序数为 39 的钇半衰期也为 3.5 小时。因此他们所得的可能是镧和钇的混合物，因此难以肯定为镧。

由于哈恩他们的柏林实验室对小居里夫人的巴黎实验室抱有成见，因而哈恩对巴黎实验室发表的文章不屑一顾，他没有去读巴黎实验室发表的文章。另一方面，当时柏林的达哈姆实验室在政治上也碰到了困难。

1937 年"卢沟桥事变"，日本帝国主义大举侵略中国。欧洲局势也越来越紧张，德国法西斯疯狂地迫害犹太人。当时哈恩与梅特耐尔领导的柏林大学达哈姆实验室又吸收了优秀的化学家斯特莱思迈参加了他们的集体，力量是很强的。可是梅特耐尔是个犹太人，哈恩与斯特莱思迈都是法西斯纳粹的强力反对者，这样的政治形势使得达哈姆实验室工作非常困难。1938 年梅特耐尔终于因受不了纳粹的威胁逃离了德国，她先到荷兰，后到瑞典。虽然她离开了德国，但她还是保持与达哈姆实验室的密切联系。

有一天，斯特莱斯迈读到了巴黎实验室的文章，马上意识到巴黎实验室开辟了一条解决问题的新的途径，他马上把

两位核裂变的发现者哈恩（左）斯特莱思迈（右）

文章的精华叙述给他的领导人哈恩听，原来不以为然的哈恩听了后，大为激动，犹如听到一个晴天霹雳，连忙跑到实验室去工作。

为什么会那么激动？

因为他意识到过去他的想法错误了：解决问题的方法在于对产物进行严格的鉴定，不能满足于理论推测。发现了错误就是新成就的起点。他们经过了几个星期的连续不断的工作，采用了最精确的放射化学分析方法，检验了巴黎实验室约里奥·居里夫人与萨维切所做过的一切实验，并集中注意小居里夫人与萨维切文章中描述的寿命为 3.5 小时的物质，在实验中同样得到半衰期为 3.5 小时的新物质，哈恩和斯特莱斯迈认为它是锕，他们还是没有想到这可能是原子序数只有 57 的镧。他们认为中子轰击铀，可以得到 16 种核，原子序数从 88 到 90、92 到 96，其中包括很多同位素。在其中，他们设想了有镭放射 β 粒子后成为锕，锕在放射 β 粒子后成为钍的系列变化。

梅特耐尔

为了进一步证实镭的存在，他们用更直接的化学方法，应用钡来作为镭的载体来共沉淀镭，并采用老居里夫人发明的并为哈恩熟悉的化学方法把镭和钡分离。多次实验结果（采用了不同试剂）都得到所研究的放射性物质是和载体钡在一起沉淀，而不和镭共同沉淀。超精细的实验结果迫使哈恩和斯特莱斯迈不得不承认假设中的镭只能是钡的放射性同位素。他们写道："作为一个化学家，面对这实验结果，不得不改变我们原来的设想，以钡 Ba、镧 La、铈 Ce 来代替镭 Ra、锕 Ac、钍 Th；但作为工作在很靠近核物理领域的核化学家，则很难接受这与以前所有核物理实验抵触的戏剧性的结果。"他们注意到了，钡 Ba 与锝 Tc（当时还把它称为 Ma）的原子量相加刚好等于俘获一个中子的铀的原子量，138＋101＝239。一个清楚的概念，"裂变"闪过他们的脑子，这就是发现核裂变的时刻。这是 1938 年 12 月 22 日，是哈恩把他们结果写成文章投送邮局的日子。

● 顶级科学家竟自称是白痴

在发表这结果以前，哈恩写信把结果告诉在瑞典的梅特耐尔，因哈恩是个著名的核化学家，梅特耐尔是个著名的核

柏林实验室的斯特莱斯迈，梅特纳尔，哈恩，自左至右

物理学家，哈恩对自己的化学分析结果很有信心，但对一个原子核能分裂成质量差不多的两个的前所未有的结果却信心不够。拿他自己的话说："当我把文章送往邮局之后，这一切又重新使我感到是不可能的，以至想把文章从邮箱里拿回来。"他还害怕梅特耐尔收到信后会生气地将信撕碎，说他在物理概念上的荒谬。想不到梅特耐尔接到哈恩的信后很激动，她深信哈恩与斯特莱斯迈的化学分析是准确的，那只能说明物理上某些妨碍人思考的概念是应该冲破了。她把信给她的侄子弗利士看，弗利士是著名理论物理学家玻尔在哥本哈根研究所的主要成员，是到瑞典来度假的。梅特耐尔与弗利士马上接受了核裂变的概念，并且提出了裂变这个名词，这名词是从生物学描述细胞分裂现象中借用的。几天后，弗利士回到哥本哈根，用他自己的话说："我强烈地要把这思想告诉正要去美国的玻尔，他只能给我几分钟的时间，在我对他说这事还没有说完，他就用手敲打自己的额头，大声地说："我们都是白痴！可是这多好！就应该这样，文章出来了吗？"

啊！玻尔怎么说自己是白痴？

大物理学家玻尔是卢瑟福的学生，原子模型的创始人，他说自己是白痴，意思是怎么自己以及很多人会没想到原子核会裂变。他到美国后马上从事核裂变的理论研究，对核裂变的理论提出了很重要的基本概念。可惜他的老师卢瑟福已经在 1937 年 10 月里去世了，否则一定也会为这重大的发现而鼓舞。

原子核由中子与质子所组成，这些中子与质子统称为核子，核子能相聚在一起，就因为核子之间有着很大的吸引力，即核力。原子核中的一个带电粒子，例如 α 粒子，要跑出核外，是很不容易的。用下图来示意，黑球表示 α 粒子，α 粒子在原子核中，好像一个球掉在井里，在图中的 A 点，要跑出核外，就要跑过 B 这样高的位垒，从物理的理论计算，只要 α 粒子有足够的动能能到达较低的 C 点就可以跑出核外了。

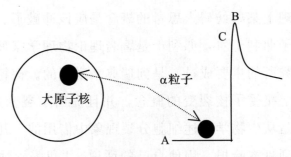

原子核放射 α 粒子的示意图

α 粒子是氦的核，由两个质子与两个中子所组成。从一个大的原子核中跑出一个 α 粒子是可能的，实验与理论都证实了这一点。但像钡这样的原子核，由 56 个质子与 70 多个中子所组成，在铀原子核中，这样大的一个核，几乎占了铀核的一半，要能像 α 粒子那样获得足够能量跑出位垒在理论上是不可能的。这也就是原来许多物理学家，包括像费米那样的人都不相信铀核中会出来大于 α 粒子的原子核的原因。

那为什么梅特耐尔与玻尔后来又相信铀原子核会裂变了呢？

物理学是一门实验的科学，一方面，裂变的事实摆在面前，不容人不相信；另一方面，玻尔在理论上已经提出了原子核的液滴模型，对一个大的原子核，像一个液滴一样。这样的模型，可以理解原子核的裂变。当原子核吸收一个中子时，中子带给核一些能量，这些能量促使原子核发生形变，当形变达到一定程度时，裂变就发生了，如下图所示意的一样。梅特耐尔与她侄子弗利士就是用了玻尔的液滴模型才对核裂变深信不疑的。

液滴模型的核裂变过程示意图

哈恩与斯特莱思曼由于发现了原子核的裂变得到 1944 年的诺贝尔化学奖。

得奖人中没有梅特耐尔吗？

没有，由于她的犹太人血统，她受到纳粹党人的迫害。她从 1918 年起到 1938 年，一直与哈恩一起在哈恩领导的研究室工作，并担任物理研究室主任。1912～1915 年，她在柏林大学为普朗克的助教，1922 年升为讲师，1926 年任无薪金教授，1933年被纳粹政权解除教师职务。1938年3月，纳粹侵占奥地利，她被迫于同年7月秘密流亡到荷兰，经丹麦转到瑞典斯德哥尔摩诺贝尔研究所任教授。也许因为她是犹太人，也许是因为她没有直接参加哈恩与斯特莱思曼发现核裂变的工作，总之诺贝尔奖金中没有她的名字。但核裂变的概念是她首先提出的，人们永远记得她。而弗利士则因用电离室观察到裂变碎片的大脉冲，成为首先用物理方法证明裂变过程的人。这种直接的证明，对一些对化学方法抱怀疑的物理学家是很重要的。

左2为赛格里，右1为费米

当年罗马实验室的年轻人

1989年4月25～28日，在华盛顿举行的"核裂变50周年纪念会"上，当年罗马实验室的主要成员之一E.赛格里在他的书面发言稿中说："很少有科学发现，有像发现核裂变那样影响着人类；有像发现核裂变那样错综复杂的历史。"E. 赛格里可惜没有亲自到会，他在会议的前三天与世长辞了。

核裂变的发现，原来就是科学家们在实验室中对物质世界认识的不断追求的结果。谁也不会想到这个发现竟然给人类发掘了一个巨大的能源，竟然在一时间，左右了世界的战争与和平。

发现核裂变的历史是很错综复杂的。当时欧洲的几个著名的实验室，罗马实验室、巴黎实验室、柏林实验室几乎都在探索同一个课题，这些著名的科学家们发表了不少似是而非的文章，被许多有局限性的传统概念所统治着，就像在漫漫的黑夜里从荆棘中寻找一条出路那样努力摸索；但孜孜不倦的、不怕失败的探索终于找到了正确的答案。

在"核裂变 50 周年纪念会"上，与会者常常用幽默的语言阐述当年实验室中的种种错误，引起听众们哄堂大笑。

六、科学被卷入第二次世界大战

●巨大的能源与巨大的威胁

核裂变发现后，很多人马上想到，这是人类发现了一个很大的能源。

为什么原子核裂变了会放出能量来？

原子核由许多中子与质子组成，中子与质子组成原子核

爱因斯坦

后，要放出一定的能量，这能量称为原子核的结合能。原子核的总质量要比组成核的单独的中子与质子的质量之和要小，也就是说核子组成原子核后质量要亏损，这亏损的质量与原子核的结合能有着紧密联系。

在人类早期认识自然界时，质量的概念与重量的概念有些混淆不清。到爱因斯坦提出狭义相对论后，对质量才有正确的

认识。一物体的重量是物体在地球上受到的重力，也就是地心引力。而质量是物体的一种本性。与能量只差一个比例常数，著名的爱因斯坦的质量与能量的关系式为：

$E=m\times c^2$

能量＝质量×（光速）²

结合能＝质量亏损×（光速）²

不同的原子核有不同的结合能，但平均每个核子的结合能却差不多。虽说差不多但也还有差别，主要差别是中等质量的核每个核子的结合能比较大，质量小的核与质量大的核每核子的结合能要小一点。例如铀236，每个核子的结合能约为7.6兆电子伏，裂变成两个中等大小的碎片核后，碎片核的每核子结合能为8.5兆电子伏，因而一个铀原子核裂变时大约要放出能量：

$236\times (8.5-7.6)＝212$ 兆电子伏

所以核裂变是一个潜在的大能源。

巨大的能源也是人类巨大的威胁。能源慢慢地释放出来可以造福于人类，瞬间释放就是爆炸。如何让核裂变这新发现的巨大能源，不给野心家所利用，是一个摆在科学家面前的重大问题。

●第二次世界大战迫在眉睫

正当科学家们发现了原子核的裂变，为找到巨大的能源而庆幸时，世界上已经阴云密布，第二次世界大战迫在眉睫。法西斯头子希特勒于1933年1月在垄断资本集团的支持下出任总理,次年德国总统兴登堡死后,他自称"元首",并兼任总理。他有着猖狂的野心,梦想成立德意志第三帝国。1937年7月7日,日本军国主义通过卢沟桥事变已经大举侵略中国。德国在1937年与意大利、日本组成德意日三国联盟,1938年吞并奥地利,1939年3月占领捷克斯洛伐克,9月入侵波兰,第二次世界大战全面爆发。

什么是德意志第三帝国?

这是德国民族沙文主义者布鲁克首先在其论文《第三帝国》中提出这个名字,一时成为法西斯德国在1933年到1945年的非正式名称。它充分反映了法西斯纳粹党的侵略扩张野心,梦想在神圣罗马帝国（962～1806）和德意志帝国（1871～1918）之后,建立一个新的千载帝国。

用原子核裂变的巨大能源做成原子弹,在很多科学家心里已经知道不是不可能的事了,他们意识到制造原子弹的可怕前景。决不能让原子弹在希特勒这样一个战争狂人面前出现,如果让希特勒垄断了原子弹,那么,尽管他的经济力量还并不强,这个德国独裁者就有可能奴役全世界。

● 为什么德国没有造出原子弹来

原子核裂变首先是在德国柏林实验室发现的,但前面我们已经提到过,发现核裂变的科学家之一哈恩就不是纳粹主义的支持者,他的好朋友梅特耐尔受法西斯迫害。梅特耐尔就是在哈恩与其他朋友的援助下，于 1938 年 7 月冒了很大危险偷越国境逃到了荷兰，当时梅特耐尔衣袋中只有几枚德国的硬币，哈恩把自己从母亲那儿继承来的一个钻戒送给了梅特耐尔，以备不时之需。哈恩曾经说过这样的话："我对你们——物理学家们，唯一的希望就是，任何时候也不要制造铀弹。如果有那么一天，希特勒得到了这类武器，我一定自杀。"

当时德国没有能做出原子弹来，可以说有四个原因：①缺乏足够的有才干的科学家，因为他们都被希特勒驱逐出境了。例如爱因斯坦，他的狭义相对论可以说是原子核裂变能放出巨大能量的理论基础。狭义相对论的建立与光量子的提出，推动了物理学理论的革命。因为爱因斯坦属于犹太人血统，1933 年 1 月希特勒上台，他就成了科学界首要的被迫害对象。幸好他当时在美国讲学，未遭毒手。同年 3 月他回欧洲后避居比利时，9 月 9 日发现有准备行刺他的盖世太保跟踪，星夜渡海到英国，10 月转到美国普林斯顿，任新建的高级研究院教授。当然，梅特耐尔也是受迫害而离开德国的一个。又如费米，在 1938 年 12 月 6 日离开罗马，名义上是去瑞典斯德哥尔摩领取诺贝尔奖金，实际上在经过德国时，所受的种种刁难，早就使费米坚定了绝不再回罗马的决心。②纳粹分子们对军事方面的科研工作组织得不好，同时纳粹政府对于科研工作的意义也缺乏了解。③实验室里缺乏进行这种复杂研究工作用的适当设备。④在德国从事原子研究工作的德国专家们并不希望获得成功。其实这四个原因中起主要作用的是第一个与最后一个，因为人与人心才是最主要的因素。

●德国科学家的良苦用心

第二次世界大战期间，还有人留在德国从事原子研究工作吗？

海森堡

有，当时就有一个著名的理论物理学家海森堡留在德国。海森堡1901年12月5日生于德国维尔茨堡，从1922年起，海森堡除了在1923年夏季去慕尼黑考取博士学位，1924年冬天后一个学期到哥本哈根去玻尔那儿工作外，一直在格丁根大学工作，到1927年被莱比锡大学聘为理论物理学教授。1932年因为他在量子力学上的重大贡献，获诺贝尔物理奖。

当时，德国政府组织所谓"铀设计"工程，在行政组织工作方面比英、法以及当时还处于中立的美国的同类组织要快。原来被征入伍的大多数著名科学家过了三四个星期后都回到了研究院。1939年秋天，凯撒·威廉物理研究院成为铀学会的研究中心。原院长彼得·德拜是个丹麦人，他从1909年以来就一直在德国工作。现在却要求他要么加入德国国籍，要么发表一点有利于第三帝国的著作表示他的忠诚。德拜轻蔑地拒绝了这两项无理的要求，接受了美国的聘书，离开了德国。他走后海森堡当了院长，在整个第二次世界大战期间，他一直担当了这个任务。

那么，海森堡是否为希特勒卖力了？

海森堡的行为受到他国内外的朋友——物理学家们强烈的愤慨，怀疑他已经为希特勒工作。但海森堡有他的苦心，他觉得只有他自己和他最亲近的朋友通过凯撒·威廉物理研究院，把德国原子研究方面的一切，都掌握在自己手里，才能控制住制造这毁灭性的武器。他害怕研究院被有些律己不严的物理学家所控制，真的为希特勒制造原子弹，则会使全世界遭受到难以想象的灾难。当时还有个物理学家豪特曼斯，他也留在了德国。他听到了海森堡在认真地研究铀设计，大为震惊，去向另一位诺贝尔奖金获得者冯劳埃请教。冯劳埃安慰他说："我亲爱的同行，你别着急，一个人在任何时候都不会发明他根本不想发明的东西。"

豪特曼斯当时在邮政部门的一个研究所里工作，邮政局长想向纳粹领袖邀功，他想一旦能给希特勒献上一件神奇的武器，他就会飞黄腾达。于是他就要他下属的研究所研究原子弹。豪特曼斯在研究中发现利用原子锅炉可以生产一种元素钚，这种物质可以制造原子弹。但他们没有报告他的研究成果，他不愿意引起政府对制造原子弹的注意。

所有留在德国的有正义感的科学家都认为对待纳粹政府，最好的办法是阳奉阴违。他们不能公开罢工，因为那样他们就会遭到清洗，而另外一批卑躬屈膝贪图名利的人就会取而代之为纳粹服务。但是海森堡的苦心很难让国外的同行朋友理解。1941 年 10 月，海森堡被邀请到哥本哈根去讲学。他很高兴，哥本哈根有他的老师与朋友尼尔斯·玻尔，他想与玻尔说明德国不会做原子弹的事，但又不能明白地说，只能用暗示的方法。

玻尔是个很有影响的物理学家，海森堡想告诉他德国不会做原子弹，希望他能与英、美的同行联系，让在英、美的原子物理学家们也不要做原子弹。当时丹麦的哥本哈根已经在德国的控制下，玻尔受到严密的监视，连玻尔与自己亲友通信，哪怕是一张小条子都要受仔细的检查，因而海森堡不能与玻尔明确地说自己的意思。

玻尔明白海森堡的意思了吗？

很可惜，玻尔没有。海森堡与玻尔的谈话是傍晚两人在散步时进行的。海森堡问老师："在战争时，物理学家是否应该从事铀的研究？因为这方面的进步能够在军事技术上引起严重的后果。"玻尔一听就有些惊慌，连忙反问："你确认铀的分裂能制造武器吗？"海森堡回答："原则上是可以的，但在技术上还需要花费难以想象的力量，我们认为在目前战争进行过程中是办不到的。"这在海森堡来说，希望老师了解他说的最后一句话，即："我们认为在目前战争进行过程中是办不到的。"但玻尔却注意的是前面一句话，即："原则上是可以的。"他加深了对留在德国的物理学家们的怀疑，确信这些人正在积极地集中自己的力量来制造原子弹。玻尔知道自己的研究院一定要被占领，他不再留恋自己花了不少心血的哥本哈根研究院，毅然经过瑞典来到了英国。他认为他必须支持英、美的同行们，希望他们能在原子弹的制造方面，赶在希特勒前面。

●英、美、法科学家在努力与法西斯赛跑

那时英、美、法等国的物理学家们在干什么呢？

当德国向法国进犯的时候，法国巴黎实验室拥有比其他任何国家都多的氧化铀，而且全欧洲的重水贮备都在法国。

氧化铀是铀的化合物，利用它就可以做铀裂变的实验了，因此不一定需要金属铀，需要金属铀也可以从氧化铀再提炼。

前面我们提到过，普通的氢的原子核是由一个质子组成的。若氢的原子核中增加一个中子，则化学性质与氢仍一样，但质量几乎大了一倍，称为重氢或氘。水是由氢与氧结合成的分子，普通的水分子中的氢为普通的氢，若水分子中是重氢，则水就是重水。大家记得，要使铀吸收中子而发生裂变，就要把中子慢化成慢中子，因为慢中子效率高。

要让中子与质子碰撞而慢化，只要用普通的水就是了。但虽然普通的水能有效地慢化中子，但水中的质子容易吸收中子而成氘核，这样会损失中子。为了中子不被吸收，用重水中的氘核来慢化中子就没有这个问题了。因此重水与氧化铀一样是研究核裂变重要的材料。1940 年 5 月，约里奥·居里（即小居里夫人的丈夫）开始转移这些战略物资，经过千辛万苦，终于把 185 千克重水运到了英国。

这里要提一下另一个重要人物，美国的物理学家西拉德，他 1898 年生于匈牙利布达佩斯，为犹太血统人，1922

年获德国柏林大学博士学位。1933 年希特勒上台后，他被迫离开德国去英国剑桥大学工作。1938 年由于不满意"慕尼黑"协定的签订而离开英国去美国，1943 年加入美国籍。

慕尼黑协定的全称为"关于捷克斯洛伐克割让苏台德领土给德国的协定"。1938 年 9 月，由英国的首相张伯伦、法国总理达拉第与德国的希特勒、意大利的墨索里尼在德国的慕尼黑签订。协定规定捷克斯洛伐克将苏台德地区以及与奥地利接壤的南部地区割让给德国，其余领土由英、法、德、意保证不再受侵犯。捷克政府在德国的军事威胁下和英、法的压力下，接受了这屈辱的条件，同年 10 月德军占领了苏台德。但德国并没有因英、法的让步而停止其侵略野心，终于在 1939 年 3 月违背慕尼黑协定全部占领了捷克领土，并在 9 月进攻波兰，挑起了第二次世界大战。

西拉德的第一个想法是各国科学家能达成一个协议，不要把自己的研究成果发表，但显然这努力是徒劳的。西拉德现在只能一方面努力抑止德国制造原子弹的进程，一方面唤起美国制造原子弹的热情。

制造原子弹需要铀，当时德国已经禁止被他们占领的捷克出口铀矿石。在欧洲，另一个有储备铀的国家是比利时。西拉德想保护这些有战略意义的金属，不让希特勒夺取。他想到爱因斯坦，想尽办法找到了他。因为爱因斯坦与比利时的女皇有一些交往，让比利时别把铀矿卖给德国的信，有爱因斯坦的签名效果会好得多。第二件事是如何引起美国的重视，西拉德与他的支持者起草了给美国总统罗斯福的信。希望美国能做到两点：第一点是，和比利时就刚果的铀贮备问题进行会谈，第二点是，要求政府在财政上支持原子核裂变的研究。

为什么与比利时会谈刚果的铀？

因为那时非洲的刚果是比利时的殖民地，所谓比利时的铀矿其实就是刚果的铀矿。给罗斯福的信也是要爱因斯坦签名，因为爱因斯坦的名气要比西拉德大得多。至于为什么要努力引起美国制造原子弹的重视，主要是害怕希特勒法西斯独霸原子弹，当时只有美国离开战场比较远，比较可能制造原子弹。要是美国有了原子弹，即使希特勒掌握原子弹，也就不会肆无忌惮地使用原子弹来屠杀无辜的人们。当时很多科学家都这样认为："我们必须采取适当的政策，以便应付来自德国的任何原子战争的威胁。如果我们也有这种武器，那么不论是希特勒，还是我们，就都将不得不放弃使用这种武器。"

美国一直到 1941 年 12 月 6 日，即日本偷袭珍珠港和英国正式参战的前一天，才通过一项关于大量拨款和充分利用技术资源来制造原子武器的决议。

前面我们已经多次提到玻尔，玻尔的全名为尼尔斯·玻尔，或简写为 N. 玻尔。在物理学上，有两个著名的玻尔，另一个为 A. 玻尔，是 N. 玻尔的儿子。一般只说玻尔时，总是指老玻尔，即 N. 玻尔。玻尔是著名的丹麦物理学家，卢瑟福的学生。在玻尔领导下的丹麦哥本哈根理论物理研究所，不但培养了大量的杰出物理学家，而且是全世界最重要、最活跃的学术中心。玻尔一生爱好和平，崇尚民主，反对侵略，反对独裁。1933 年希特勒上台后，玻尔曾亲自去德国安排受迫害的知识分子出逃，后来在丹麦组织了专门的机构来协助和营救这些人。当时一大批德、意等国的著名科学家都受到过玻尔以及他们的组织的帮助。意大利的费米在去美国前，从斯德哥尔摩到哥本哈根，就曾经在玻尔家里住过。玻尔多次与爱因斯坦接触，谈话离不开对战争的忧心忡忡。玻尔虽然经常去美国，但为了哥本哈根研究所，在丹麦已经被德国占领时，他还继续留在丹麦，和抗敌组织保持密切的联系。直到1943年德军总部下令逮捕他时，他才冒险出逃，经瑞典到英国，然后到美国。在美国原子弹的制造方面做了重要的贡献。

七、千方百计让裂变炉燃烧起来

● 火种与燃烧

核裂变发现时，费米正在瑞典的斯德哥尔摩为他一系列中子核反应的工作领取诺贝尔奖金。他离开意大利后已经不准备回去，由于他妻子有犹太人的血统，去斯德哥尔摩的路上已经碰到了一些麻烦，但由于他是诺贝尔奖金的获得者，这麻烦没有引起太大的困难。费米到美国后，在哥伦比亚大学任职，在罗马时做实验的一切设备当然都留在罗马了。费米就做起了理论研究，研究核裂变能否引起链式反应问题。要把原子核裂变所产生的能量利用起来发电，必须研究如何实现链式反应。

什么是链式反应呢？

前面说过，铀原子核吸收了一个中子，分裂成两个核时，会放出很多能量，就像煤、碳等燃料会放出很多能量类似，煤炉烧煤放出的能量可以把水烧开，通过蒸汽机发电。当然从煤炉烧煤到发电还有着很多技术过程，那是工程上早已解决的问题。摆在物理学家面前的事是：用什么办法把"铀炉子"给"点着"，让它慢慢地烧，千万别爆炸。要使煤炉里的煤烧起来，首先要有火种，也就是用火柴划一小火花，这小火花给了一小块煤后，这一小块煤自己得发出火花去点燃旁边的煤，这样整个煤炉才算点着了。你不能每一小块煤都需要用划火柴去点燃呀！

"铀炉子"的火种就是中子源，小火花就是中子，铀吸收一个中子后发生裂变，在裂变的过程中能否发射中子？是发射一个还是两个、两个以上中子？到底平均能发射几个中子？这是个很重要的问题，就等于说煤烧着后能否出现火花去点燃旁边的煤。

若铀原子核裂变时能平均发射出一个以上的中子，这些中子能引起旁边的铀核裂变，这样就能继续裂变下去，这就是链式反应。

科学家们首先需要研究的问题是究竟一个中子使铀裂变后会不会放出一个以上的中子来。在裂变发现不久，1939年2月约里奥·居里领导下的巴黎实验室就测量了裂变发射的中子，当然测量得不是很准确，测出铀裂变平均放出的中子数有3.5个。虽然不准确，但却使约里奥·居里等确信链式反应是能实现的。

费米很想做实验来研究能否实现链式反应，但原来在罗马做实验的装置——特别是中子源——都留在罗马了。这时候，玻尔到哥伦比亚大学来找费米，那天刚巧费米不在，玻尔碰到了哥伦比亚大学另一位教授赫伯特·安德森，玻尔对安德森说明了找费米的目的，并与他详尽地谈了核裂变的问题。玻尔走后，安德森兴奋地冲出去找费米，找到费米后，建议费米用哥伦比亚大学的回旋加速器做中子源。

什么是回旋加速器？回旋加速器会产生中子吗？

大家知道，带电的离子在均匀磁场作用下的轨迹为圆圈。利用带电粒子在磁场中走圆周轨道的原理，用垂直于真空盒平面的磁场使离子在真空盒里转圆圈，离子每走半个圆周，就在两真空盒的缝隙处加速一次，速度越大圆周半径越大；最后用静电偏压板把加速后的粒子引出。用这粒子来轰击合适的物质就可以产生中

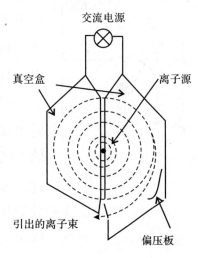

回旋加速器示意图

子。这对费米是个极大的鼓舞，用回旋加速器加速氘去轰击铍，每秒钟打出来的中子要比在罗马用氡-铍中子源打出的中子大约要多 100 000 倍。

哥伦比亚大学很快成为研究实现链式反应的中心，而费米很快成为这中心的核心人物，虽然按美国的法律，他算是一个"敌侨"。

敌侨？

因为费米是意大利人，当时第二次世界大战期间，德、意、日联盟对美国来说是敌国，因而费米是敌国的侨民，简称敌侨。

费米在解决铀裂变到底能否放出两个以上的中子的问

题时，并没有用回旋加速器产生的中子，还是用镭-铍中子源。对研究中子具有丰富经验的费米利用一个作成球形的镭-铍中子源，与一个作成球形的套在中子源外面的氧化铀靶，放在锰溶液里，利用吸收中子后锰的放射性来判断中子数。

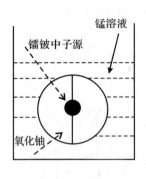

费米实验示意图

把氧化铀靶做成球形可以比较好地避免镭-铍中子源射出的中子没有经过铀而直接到溶液中，保证测量的准确性。可以这样来做，第一次只放入镭铍中子源，测量了锰的放射性；第二次将镭铍中子源放到氧化铀球的中心，再放入锰溶液中经过相同的时间，然后测量锰的放射性。实验结果，放入氧化铀后锰溶液的放射性大了一倍。这说明了氧化铀放射的中子数约为吸收的中子数的两倍。即铀吸收一个中子后发生裂变，并同时放出了两个中子。

哥伦比亚的实验还说明了能量比较小的中子，即慢中子引起裂变的效果比较好。特别慢的中子有时也叫热中子。在室温下，气体分子运动的平均能量为 0.025 电子伏，中子能量慢到以电子伏特来计算时，就可以称为热中子。

初步研究了铀吸收了一个中子发生裂变后，能平均放出两个或两个以上中子的问题，实现链式反应是可能的了，就可以着手做反应堆。

链式反应是可能的了，也就是说，可以用"火柴"（中子源）点燃"铀炉子"。但是如何安放中子源，如何安放铀，如何既能让铀炉子燃烧，又不能爆炸，还要能自如地控制，伤透了科学家们的脑子。

●理论的威力

物理学是一门实验必须与理论密切结合的科学，没有理论指导下的实验是盲目的实验，没有实验验证的理论是不可靠的理论，在进行反应堆试验中也是如此。

反应堆就是一个"铀炉子"。要做反应堆就有着这样的一些问题需要解决：第一，到底用什么原料比较好，能不能用天然铀？第二，如何保证中子不损失？第三，如何控制反应堆？保证在实验中不会有发生爆炸的危险。

天然铀有两种同位素，铀238与铀235，在铀矿中，主要是铀

尼尔斯·玻尔

238，铀235含量比较少，仅占总量的0.7%。裂变发现时，尼尔斯·波尔正动身去美国，他意识到发现核裂变是个重大的事件，他在去美国的轮船上就开始考虑核裂变的理论问题，到美国后就找过去与自己一起工作过的惠勒研究裂变的理论，他预言慢中子引起裂变的是铀235而不是铀238，他与惠勒于1939年在《物理评论》上发表的论文，是这段期间在核物理理论方面的权威性的文章。

为什么铀235比铀238容易裂变？

玻尔与惠勒用液滴模型来计算核裂变，也就是说把铀核看成一个液滴。当然计算是很复杂的，没有办法在这里讲清楚。但可以这样简单地来理解：第一，两种铀具有相同的质子，可铀238比铀235多了三个中子，使得质子之间的平均距离要略大一些，库伦排斥力就略小一些，因而就不容易裂变一些；第二，铀235吸收一个中子后成铀236，中子成为偶数，中子配成了对子，配成对的中子结合能低，要放出能量，这能量附加到使液滴形变振动中去，使核更容易裂变。而铀238吸收一个中子后成为铀239，中子找不到配对的另一个中子，也不会放出配对的能量来附加到形变振动中去。

玻尔并不是凭空想出来的。惠勒在纪念发现核裂变50周年的纪念会上就说了这样一个故事：哈恩在发现了核裂变后，接着用各种速度的中子去轰击铀，试验发现，用快中子与慢中子使铀裂变的效果好，而中等速度的中子效果差。当时有一个物理学家普赖泽克不相信原子核会分裂，有一天吃饭时就拿哈恩的实验结果问玻尔，有什么理由中等速度的中子使铀裂变的效果会差？玻尔当时没有回答，他思考着离开餐厅，一句话也不说地经过普林斯顿大学的校园。等到惠勒与普赖泽克再见到玻尔时，玻尔的伟大的思想已经萌发了。他解释了哈恩的实验结果，因为天然铀中有铀238与铀235两种，快中子可以使铀238裂变，虽然使每一个铀238裂变的概率不大，但因铀238成分多，故而效果显著；慢中子使铀235裂变，虽然铀235成分少，但每个铀235发生裂变的概率大，因而效果也就显著；而中等速度的中子，容易被铀238共振吸收。所谓共振吸收，即铀238吸收了中子后只放出γ射线而不发生裂变。有了这思想后，玻尔与惠勒再从物理理论上作了上述的解释。

既然快中子可以使铀238裂变，那用铀238是否也能发生链式反应？

不行，哈恩做实验时是使用镭铍中子源发出的中子，这中子的能量一般在1兆电子伏以上，需要不同能量的慢中子时，只要让中子通过慢化材料让其慢化就是了。铀238裂变发出的中子，平均能量也只有1兆电子伏左右，裂变出的中子很容易经几次碰撞后慢化，因而不再能引起铀238的裂变，也就不能发生链式反应。因而要做成链式反应的反应堆，必须靠铀235。

●分离铀235的麻烦

既然做链式反应的反应堆必须靠铀235，则无论是费米还是西拉德都认为分离同位素，即把铀235从铀238分离出来是实现链式反应的第一步。当时，很多人投入了分离同位素的工作。

从铀238中分离出铀235来容易吗？

很不容易，从铀矿中炼成氧化铀是比较容易的，但这氧化铀中的铀既有铀238又有铀235。大家想，若用化学的方法分开两种元素，必须这两种元素具有不同的化学性质才行。而铀238与铀235具有相同的化学性质，用化学的方法是无能为力的。只能利用其质量的略有差别，用扩散的方法来分离这两种同位素。当然利用质量的差别分离同位素还有其他的途径，但从当时的条件看，扩散法比较实际可行。

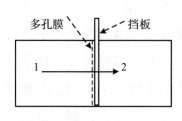

扩散法示意图

如图所示意，两种不同气体混合在一起，若不同的气体的分子质量不同，将混合气体放在1室里，将2室抽成真空，两室中间用两种气体都能通过的多孔膜分开，去掉挡板，1室中的气体就向2室扩散，由于分子质量小的扩散得快，若这两种气体分别为铀235与铀238的气体，则在2室中铀235的比例要比1室中要大。假如接着3室、4室等这样连续地扩散下去，铀235的成分会越来越多，浓缩到足够的程度。

氧化铀是气体吗？

不是，氧化铀是固体。要使铀成为气体，必须经过化学的方法合成六氟化铀，六氟化铀是气体，经扩散浓缩后再提炼成金属铀，这金属铀中的铀235比例就可以足够大了。因而要得到铀235是很不容易的。提炼铀235只是准备了做原子炉的材料，现在很多问题还需要试验。

●必须要有使裂变中子减速的装置

反应堆中需要①中子源——点火的火种；②铀——燃料；③还必须有使裂变中子减速的东西。

不管是用天然的铀矿作为燃料，还是用经过提炼后的铀作为燃料，都不可能是纯粹的铀235，都有铀238混在其中。

为了说明在反应堆中必须有中子减速器，用下图来示意。引起铀235裂变的可以是慢中子，也可以是快中子，裂变后放出的却是快中子；而引起铀238裂变的是快中子，裂变后放出的是更慢的中子。要使慢中子加速是不可能的，只有让快中子减速，减速成慢中子一举两得，既能使旁边的铀235裂变，又避免被铀238吸收裂变成更慢中子，或被铀238共振吸收放射γ射线而失去中子，致使链式反应终止。

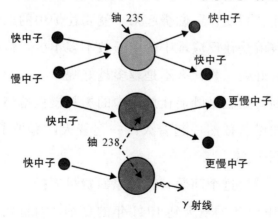

两种铀裂变示意图

怎样使中子慢化呢？开始他们用重水来减速中子，但重水的需要量起码要几吨，生产重水比较困难，至少要数月才能生产出来。费米与西拉德经过研究得出结论，处在石墨状态的碳可以被选为链式反应堆减速剂，只要石墨吸收中子的吸收率不太大就行。

石墨就是碳分子，中子碰到碳分子时，一种效果是使中子的速度减小，另一种效果是中子被碳吸收了，其中百分之几被吸收就是吸收率，做反应堆是希望中子被慢化而不是被吸收，当然希望吸收率越小越好。费米与安德森马上弄到一些石墨，测量了它对中子的吸收率，发现它的吸收率足够小，而且石墨越纯吸收率越小。这样既能用来减速又不会大量吸收中子，用来作为减速剂是合适的。

这时，西拉德非常努力地要求公司供应他们最纯的氧化铀与石墨。1941年夏季，他的愿望实现了，拿到了成吨的氧化铀与石墨，用锡纸包裹的，10厘米高、10厘米宽、30厘米长的石墨非常漂亮。

要让"裂变炉"燃烧起来，就要让炉中的火苗有一定的强度，也就是让反应堆中的中子数不多不少，恰到好处。

恰到好处？为什么不是越多越好呢？

恰到好处就是既能让炉子中的燃料慢慢地燃烧，又不能让所有的燃料猛然一起着火，一起着火，那炉子就要爆炸，就成了原子弹了。

为了解决这个问题，科学家们费尽周折。

从1939年的秋天到1941年的夏季，对链式反应的各个方面进行了大量的实验与理论工作，这些工作几乎都是在费米的领导下完成的。安德森致力于铀的共振吸收问题，为了避免中子被内部的铀238大量地吞噬掉，需要研究到底要把铀分割成多大的块才合适。这方面的理论工作是由维格纳领导下的普林斯顿大学研究组与费米密切合作完成的。

他们把氧化铀分割成小块，就是要达到让铀分裂时放出的中子很快能离开铀与减速物质碰撞而减速，减速后又回到铀中去的目的。到底铀块要多大？减速物质要多大？才能既避免铀238的共振吸收，又能使铀235继续裂变。

当一个中子引起裂变时，所放出的中子中能引起第二次裂变的数目，称为增值系数，用符号"k"来表示。只要"k"能够大于1，说明链式反应就能成功了。要达到"k"大于1，要试验到底把铀分割成多大的小块？放多少石墨？如何放置？氧化铀与石墨的纯度是否够？等一系列问题。为了避免中子从边缘上逃出堆外，反应堆应该做得越大越好。但堆做得大材料也费，而且在试验能否实现链式反应时，目的是要看什么情况下"k"能大于1，并不要真的出现链式反应，要是实验时真的出现链式反应而又没有做好控制措施，那会发生什么情况呢？

那反应堆会爆炸了！

● 指数堆的巧妙设计

又要"k"大于1，又要不会发生爆炸，那怎么办呢？1941年费米与爱德瓦·特勒合作，在理论上提出了制造

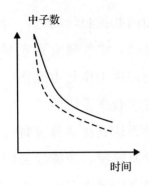

指数堆中子随时间的变化

"指数堆"的建议。

指数堆是理论与实验很好结合的典范。保证了"铀炉子"不会爆炸，又可以试验出怎么样的安置才能使"k"大于1。通常在反应堆的底部放一个中子源，在适当的地方，放置一系列测量中子数的计数管，不断地测量中子数。由于反应堆有着一定的大小，裂变中子不断从边缘逃出堆去，因此中子数随着时间减少，减少的快慢与"k"有着很大关系，"k"小，减少得快，如上图中的虚线所示，若"k"大，减少得慢，如图中的实线所示。从测量的中子数随时间减少的曲线，就可以计算出"k"来。

他们用的是充了氟化硼的计数管，中子和硼核作用后会放出 α 粒子，这样就能计数了。

通过西拉德的努力，美国政府提供了经费，1941年8月，"指数堆"的试验第一次实现了。48个立方形的铁盒子，每个铁盒子里装着27千克氧化铀块，铁盒子放在41厘米的格子里，整个格子埋在244厘米见方、335厘米高的石墨圆柱里。分析沿圆柱轴方向中子的强度，得出"k"值为0.87。也就是说铀吸收了100个中子后发生裂变，放出的中子中只有87个中子引起下一次裂变；这结果虽然令人失望，但也显示出改进的方向。主要做以下几方面的改进：

（1）放弃铁盒子，铁板皮对中子有太多的不必要的吸收。

（2）用 100 吨的水压机把氧化铀压成高密度的圆柱体。

（3）把氧化铀柱直接放在石墨的闭合洞穴里。

（4）驱除装置里的空气与湿气。因为空气中的氮气对俘获热中子具有较大的概率，于是一方面采取在新设计的堆上面加一金属板罩，抽空了空气充上了二氧化碳；另一方面加热驱除湿气。

沃尔特·津恩被派去与一个著名的地质学教授商量，因为该教授的办公室刚好在他们的装置上面，必须请求他移开他的办公桌，在他办公桌下面的地板上打一个洞，以便挂一个钩子到装置上面，用来吊起金属板罩。当那位教授了解到他们在干什么时，非常乐意地给他们帮助。经过这样的改进，放中子与吸中子的比值提高到 0.918，即 "k" ＝ 0.918。

"k" 还是小于 1！

遗留的一个很大的问题是反应堆物质的纯化问题，他们要求生产石墨的公司改变生产技术，避免石墨中的杂质，特别是硼，因为硼对热中子的吸收概率很大。对氧化铀的提纯问题征求了大家的意见，群策群力采用了乙醚分离法，把氧化铀装在能容 23 升的大玻璃器皿中，用手摇很长一段时间。当时很多人都参加摇的工作，连当时的访问学者 E. 特勒也参加了。对乙醚分离法的效果没有用化学分析方法去确定，而是按费米的意见，直接放入装置中从中子数的多少来判断杂质去掉的情况。

当时著名物理学家、芝加哥大学教授 A. 康普顿被任命为反应堆规划的头头，并把主要实验室放在芝加哥大学，命名为金属加工实验室。在 1942 年初，哥伦比亚大学的研究组，其中包括费米、西拉德、安德森、津恩等以及他们的装备全都移到了芝加哥大学。

在所谓的金属加工实验室内，哥伦比亚去的一个组在一个足球看台下的厅里工作，用古老的水压机去生产致密的氧化铀圆柱，新的反应堆很快就建成并测量了。康普顿的助手负责去采购堆材料，他的进程要比西拉德过去干的要快得多。1942 年 7 月 1 日，第五号指数堆的"k"达到了 0.995，这一进展，完全是由于石墨纯化的改进。费米认为提纯问题已解决。为了再提高"k"值，他们又想了很多办法。办法主要有两点：

第一，为了有效利用中子，要把氧化铀作成球形。这事也相当伤脑筋，做球形说起来容易做起来难，他们改装了水压机，最后作成了"准球形"的氧化铀解决了问题。整个试验堆也做成直径 610～762 厘米的大球形，要求石墨充满这个球形物，并在底下垫上大量的木头作为支架。

第二，为了驱除空气，安德森做了一个立方体的罩把整个机构都罩住。实验证明，这样的处理确实把石墨中的空气给去掉了。

通过试验，他们知道对于 2.15 千克的准球形的氧化铀，20 厘米的格子是最佳值，为了这最佳值，要求石墨做成 10 厘米见方，工厂加工的石墨太大了一些，因而再切削下来的石墨粉桶挤满了他们那足球看台下的空间；他们想把它们放到芝加哥大学的废品堆中去，可是军队的保密部门不同意，"不，不，这是保密物资，不能随便放。"结果只好送回到供应石墨的工厂，弄得工厂很尴尬。

1941 年，美国的另一实验室——伯克莱实验室发现了钚也能发生热中子裂变，钚是铀反应堆的产物，是铀 238 俘获了一个中子后，连续放射两个 β 粒子后生成的。即：

$$_{92}U^{238} + _0n^1 \rightarrow _{92}U^{239} - \beta \rightarrow _{93}Np^{289} - \beta \rightarrow _{94}Pu^{289}$$

　　铀　　　中子　　　　β粒子　　镎　　β粒子　钚

钚可以代替铀 235 作为原子弹的原料，因而用反应堆生产钚成为反应堆的新的紧急任务；因为从反应堆分离钚比用扩散法分离铀 235 要容易一些。

1942 年的夏天，几十个指数堆建起来了并且做了试验。并不是所有的指数堆都是试验链式反应的，有些是生产钚的堆，有些是试验冷却系统的堆等。

经过不断的改进与试验，在 8 月里，有一个由乙醚纯化的棕色氧化铀堆的 "k" 达到了 1.04，终于，"铀炉子" 有可能作成了，他们把 "k" 大于 1 的反应堆称为自持堆。

● 如何控制 "裂变炉"

所谓自持堆，就是能持续进行链式反应的反应堆，也就是真正的反应堆。在康普顿的支持下，决定计划在 1942 年年底以前试验自持堆。他们的研究工作已经属于所谓的 "曼哈顿计划"，是在格罗夫斯将军的领导下进行。计划的修订与执行都是很严肃的。费米在估计及计算上都是以稳当著名的，在自持堆的计算上也反映了这一点。

自持堆不是指数堆了。但中子的数量必须是可以控制的，可以控制进行裂变的程度，也可以在想要它停住时就能停住。因链式反应的控制问题是个非常重要的问题，大家对这一点不免有些紧张。费米对他的小集体作了一次讲话，讲链式反应的控制问题。他认为，按照他的理论分析，由于裂变碎片发射的中子中，虽然很多是一裂变就发的，但有2％左右不是在裂变时马上就发的，约在裂变2秒后才发出。有了这些缓发中子存在，就有足够的时间来控制堆的链式反应，可以按需要控制在任意的水平上。

用什么办法来控制呢？

用很容易吸收中子的材料做成吸收棒，吸收中子最好的材料是镉，为了控制中子的数目，在堆里放入一些镉棒，其中一条是主要的控制棒。在堆中只要有这一条镉棒，反应堆就不能运转。

1942年12月2日上午，在费米的指挥下要试验这个自持堆了，好几个人头天晚上几乎都没有睡觉。在试验时，先把其他的镉控制棒都抽出来，留着最后一条主要的控制棒。这条主要的控制棒，由年轻的乔治·韦尔掌握。另外有三个年轻人手拿着镉溶液爬上反应堆的顶部，像消防队员警惕着一场可能发生的火灾那样，万一发生反应堆失去控制的意外，就可以用镉溶液来扑灭它。费米让其他人都离开反应堆，登上网球场北端的看台，试验要开始了，大家不免有些紧张，只有指挥的费米很冷静。他说："乔治控制的棒是有自动控制的，只要反应强度大过了预定的限度，这条棒就会自动回到反应堆中去，使反应停止。"

乔治·韦尔掌握的那根镉棒是不是一下子都抽出来?

不是,是一点一点地抽出,放在反应堆中的计数器一直在记录中子数,描笔在自动地画出反映中子数的曲线。一切按照理论预测的状况进行,反应堆中在进行着链式反应。自持堆试验成功了。所有在场的人都悄然无声地拿起纸杯祝贺他们的成功,然后在纸杯上签上自己的名字。

12月2日的试验,第一次证实了大量释放的原子能可以利用,这消息轰动了科学界。这些科学家都回去过圣诞节去了,他们的努力也给制造原子弹铺平了道路。

由于这些原子科学家的工作密切关系着军事秘密,因此对局外人包括他们的妻子都是保密的。费米的妻子对费米到美国后的工作一无所知,只知道她的丈夫一直忙着。1942年12月初,费米的妻子举行一次宴会,宴请与费米一起工作的同事与夫人,每一位来赴宴的人都首先对费米说:"祝贺你!"费米夫人对她丈夫到底有什么值得大家祝贺迷惑不解。一直到两年半以后,日本无条件投降后的一个晚上,费米夫人才从一篇文件中了解到那次宴会上他的丈夫不断被人祝贺的原因。

八、蘑菇云冲上了天空

●原子弹是如何做成的

原子弹也像反应堆那样制造吗？

不是，但制造原子弹离不开反应堆。当然，原子弹好像是一个小小的反应堆，不同的是：第一，原子弹用的材料是铀235而不是天然的氧化铀。大家记得分离铀235是相当麻烦的，到底要多纯的铀235才能达到做原子弹的要求，除了理论计算以外还需要在反应堆中做试验。另外钚239也可以做原子弹的材料，钚239必须从反应堆生产，也必须通过反应堆做试验。第二，原子弹这个小小的"反应堆"不需要用什么减速剂来使裂变中子减速。

原来在反应堆中一定要使裂变中子减速的原因是，因为铀238很容易吸收快中子而放出γ射线，也就是所谓的共振吸收；为了减少中子的损失，故一定要使快中子减速成慢中子。现在原子弹用的是铀235和钚239，这两种原子核对慢中子与快中子的效果都一样，即它们吸收了快中子，一样就马上裂变。第三，原子弹不用镉棒来控制。

那用什么来控制呢？

用铀 235（或钚 239）的质量的大小来控制。

大家知道，一个煤球炉子，很多煤球聚在一起，可以烧得很旺，若把煤球一个一个地分开，火就可能灭了。这是因为煤球分得太开

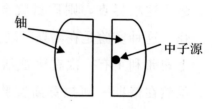

原子弹临介质量示意图

时，热散到空气中去了。铀 235 的质量若太小了，裂变产生的中子离开铀块的就多了，链式反应就会停止。因此有一个使链式反应不会停止的最起码的质量，这个质量称为"临界质量"。临界质量到底有多大，既靠理论的计算，也靠反应堆中试验的很多数据。原子弹把铀 235（或钚 239）做成两个半球形（当然也可以做成很多块），半球形铀块的质量都小于临界质量，当两个半球形块合在一起时，质量就大于临界质量，因而只要将两个半球合在一起，链式反应就开始，原子弹就爆炸了。临界质量的确定是靠理论计算的，但要验证理论计算的正确性，还必须实验证明。

●为控制原子弹而献身的年轻科学家

做临界质量的实验很危险吧？

很危险。干这事的人名叫斯洛廷，是一个勇敢的青年科学家，他把干这事戏称为"玩龙尾巴"。他必须眼明手快，

他的全部工具就是两把螺丝刀。他用螺丝刀把两个半球沿着导向轴相对衔合，然后他就在一边密切观察，在刚好达到链式反应的临界点时立即把两个半球分开。若他稍一疏忽而超越了这临界点，则质量就会突破临界质量而立即发生核爆炸。这种实验是在洛斯—阿拉莫斯实验室进行的，斯洛廷的上司弗利士有一次在干这活时就差一点出问题。而他自己，虽然在洛斯—阿拉莫斯实验室没有出事，可是在一年多以后，1946年5月，在参加一次原子弹的水下爆炸试验时，他的螺丝刀突然从他手里掉下来，这时两个半球已经相当接近，质量也已经达到临界值，刹那间整个房间充满了炫目的闪光。斯洛廷赶忙用手将两个半球硬是掰开了，制止了链式反应，挽救了当时在场的七个人的性命。但他自己已经受到了致命的辐射，过了九天，这个为第一颗原子弹做了临界质量试验的人，终于与世长辞了。

● 科学家们反对使用原子弹

原子弹的制造并不在芝加哥实验室，而是在新墨西哥州的洛斯-阿拉莫斯，由后来被称为原子弹之父的奥本海默任实验室主任。第一批原子弹就是在"曼哈顿计划"下的洛斯-阿拉莫斯实验室完成的。奥本海默于1904年4月22日生于纽约，1925年毕业于哈佛大学，1927年在格丁根大学获博士学位。1929年至1942年在加利福尼亚大学以及加利福尼亚理工学院任教与做研究工作，1942年负责筹组了洛斯-

阿拉莫斯实验室，成为美国第一批原子弹的主要技术负责人。

当时在芝加哥所谓的冶金实验室工作的一大批原子科学家们，那么努力地为做成反应堆，实现链式反应而忘我工作，其巨大的动力来自这样的信念："在原子军备竞赛方面一定要赶过希特勒，只有比希特勒早掌握原子武器，才能制止希特勒使用原子武器。"他们相信，既然经过努力，在芝加哥能建立反应堆，则在德国的某个地方也一定早都有了。在1942年12月，芝加哥冶金实验室的原子科学家们中间，还传开了这样的谣言，说希特勒打算在圣诞节那天在美国某大城市进行一次空袭，投下的肯定不是普通的炸弹，会散布很多放射性微尘。这种谣言使得很多科学家也赶快把自己的家搬到乡下去，芝加哥的卫成司令部的指挥部也开始在各地设置盖格计数器，准备来探测放射性。

但是，从谍报人员的了解中，终于明白了实际上德国人没有原子弹。

既然德国人没有原子弹，那么干吗还要做呢？这个问题同样困惑着美国的原子科学家们。在芝加哥冶金实验室里对这个问题讨论得很热烈，最后的结论是这样，他们要继续努力下去的理由是："如果我们不设计这种武器，不向全世界指出原子弹的可怕性质的话，那么迟早会有一个不文明的大国不声不响地、在绝密的情况下制造这种武器。为了维护世界和平，至少让人们了解自己所处的境地。"

尼尔斯·玻尔，这个为原子弹的制造在理论上，以及在人才的聚集上都做了重要贡献的人，现在觉得反应堆的研究应该转向原子能的和平利用；他在一次会议上说："人类需要新的能源，这种新的能源我们已经发现，而且也进行了研究。但我们要关心的是将来这种能源要用于和平的目的，而不是破坏的目的。"另外，玻尔觉得需要给美、英的首脑提一些重要的建议，认为在没有制造出原子弹以前或在还没有使用它以前，让当时世界上三个大国——美国、英国和苏联之间就原子能利用的总监督问题达成协议。意思是让大家把原子能用于和平目的，不要制造原子武器。

由于保密，不知美国总统罗斯福听了玻尔的建议后说了些什么，显然是没有同意玻尔的建议。据说英国首相丘吉尔在半个小时内沉默地听了玻尔的讲话后，突然站起来打断了玻尔的讲话，转身对他的科学顾问摇了摇头，向顾问说："他（指玻尔）究竟说了些什么？是关于政治还是关于物理？"

大家还记得西拉德，那位为了促使美国制造原子弹而努力去找爱因斯坦写信给美国总统罗斯福的人，他参加芝加哥反应堆的试验，是费米的最得力的同事之一。他像《一千零一夜》中那个渔夫一样，想把那个被他放出的妖魔，在没有害人以前再重新装入瓶子。在1939年，他担心的是德国可能在美国之前做成原子弹，他为了此事去找爱因斯坦；五年以后，到1945年，他担心的是美国可能要用原子弹去轰炸别国，他又去找爱因斯坦。他要爱因斯坦又写信给美国总统罗斯福，连同西拉德的报告一起送给这美国最高领导人，企图对美国总统说明："原子弹给美国带来的某种军事上的优势将由于政治上和战略上的严重损失而化为乌有。"

罗斯福总统同意他们的意见了吗？

可惜得很，虽然爱因斯坦的信与西拉德的报告都很有说服力，但罗斯福都没有看到，信和报告原封不动地放在总统的办公桌上，而罗斯福却在 1945 年 4 月 12 日突然逝世了。新任总统是杜鲁门。

●蘑菇云震撼了制造它的科学家

德国法西斯已经在 1945 年 5 月 7 日无条件投降了。美国还在加紧制造原子弹，第一批做成的原子弹一共有三枚。格罗夫斯将军在指令中要求：第一颗原子弹必须在 7 月中旬投入试验，第二颗原子弹在 8 月份要用于战争。

第一枚原子弹的试验在离洛斯-阿拉莫斯相当远的一个狭长的与周围隔绝的峡谷中进行，在 7 月 12 日与 13 日两天，试验性炸弹的内部爆炸机械由洛斯-阿拉莫斯从秘密道路运往试验地区，在这里的沙漠中心立起了一座高大的钢架，原子弹就装在这上面。在离钢架约 10 千米的地方设立了一个观察站。格罗夫斯将军与洛斯—阿拉莫斯的一些原子科学家们都在观察站上面，他们每人都无一例外地要戴上防护眼镜与卧伏在地上，如果谁想用肉眼观察爆炸的火焰，就可能会丧失视力。奥本海默的脑海中两种思想在不断发生冲突，他担忧试验可能会失败，但又害怕试验会成功。格罗夫斯将军不下百次地考虑是否已经采取了一定的措施，以便在必要时迅速疏散在场人员。费米仍像往常做实验时一样，表现得很

蘑菇云

有自信，手里拿着几张纸，专心致志地想计算出空气冲击波的压力数值。

1945年7月16日5点30分，世界上第一枚原子弹爆炸了。它凝结着许多原子科学家的心血，肆无忌惮地放出了原子核裂变的巨大威力。使在场的格罗夫斯将军不禁想起了"我是死神，是世界的毁灭者！"这样的诗句。整个周围地区都被强度大于数倍中午太阳的光所照亮，那是金色的、深红色的、紫色的和蓝色的光，它以无比清晰和美丽照亮了每一座山峰、每一道裂隙以及每一道山脊。爆炸后30秒钟，暴风开始向人和物冲击，随之而来的是强烈的持续不断的怒吼，大地在颤抖，一切都让人感到似乎末日已经来临。一向很冷静而理智的费米，他原来从不愿意别人驾驶他的汽车，可这次要离开观察站时，他竟然拿不住他汽车的方向盘，他请求一个同事替他开车。

巨大的能量瞬间释放，蘑菇云冲上太空。

爆炸的威力似乎都超出了洛斯—阿拉莫斯的科学家们的估计以外，原来用于观察的仪器和测量仪器几乎全都被损坏了。住在离试验区200千米以内的居民在当天5点30分左右，也都看到了这强烈的闪光。格罗夫斯是对这爆炸的巨大威力第一个能保持冷静的人，他说："战争这回总算能到头了，只要有一两个这样的家伙，日本就会完蛋。"

● 终于用原子弹结束了战争

原来计划要用原子弹轰炸的城市有日本的广岛、新潟、小仓以及日本古老的神圣城市京都。日本问题专家莱肖尔教授听到这一消息后，连忙来到军事侦察局见他的上司麦考马克，流着眼泪请求放过京都。麦考马克竟然说服了部长斯廷生，把京都从计划中划去了。

进行了原子弹的试验以后，原子科学家们反对使用原子弹的呼声更高，西拉德曾征集了 69 位著名科学家的签名，把不要使用原子弹的申请书送给了杜鲁门总统。但另外一面的意见也还是不少。康普顿只好出面组织一次投票表决：

（1）对日本使用新武器（原子弹），使其尽快投降以减少自己武装力量的损失，赞成者占 15％。

（2）向日本发动新武器示威，在使用此武器前再给日本一次投降的机会，赞成者占 46％。

（3）在美国组织军事示威，并让日本派代表参加，以便在真的使用前迫使日本投降，占 26％。

（4）反对将此武器用于军事目的，但可以演示他的威力，占 11％。

日本军国主义的势力是非常顽强的。1945 年 7 月 6 日，由美国起草，中国、美国、英国联合（前苏联于 8 月 8 日加入）发表了《波茨坦宣言》，要日本无条件投降。当宣言在日本广播时，日本首相东条英机对这最后通牒置之不理。战争还在残酷地继续，尽管日本人明知德国已经垮台，自己的处境也是绝望的，但他们不肯放下武器。仅在一个冲绳岛，打死和受伤的美国人比攻占菲律宾的战役中全部死伤的人还要多。日本的顽固迫使格罗夫斯说："委员会召集的会议我都参加，我一直把建议使用原子弹看作我的职责。在这一时期，我们每天都有大量的青年死于对日的作战中。就我所知，凡是反对使用原子弹的科学家，是没有一个亲人在战场上作战的。所以，他们完全有权利使自己的心肠更软一些。"

到底要不要使用原子弹最后需要美国总统作决定。杜鲁门在自己的回忆录中写到，他只说了一声"干吧"，就解决了一场关于要不要使用原子弹的争执。格罗夫斯将军后来对人说："在当时，杜鲁门说'干吧'这话，是不费多大气力的，假如说'不'，是需要很大的勇气的。"

为什么？

就美国政府来说，用原子弹来结束这场战争要比用其他的方法容易得多，虽然原子弹会夺去很多人的生命，但若继续打下去，如果打到日本本土的话，那双方的死伤人数也是不可估量的。而且，美国政府在整个曼哈顿工程中已经耗费了 20 亿美元，若不能使这些"耗费"在战争中起作用，则战争一结束，这将是毫无意义的金钱挥霍，赞扬和荣誉将转变成嘲笑和指责。

杜鲁门的一声"干吧"，1945 年 8 月 6 日，美国的 B29

轰炸机带着原子弹从提尼安岛起飞，在日本广岛投下了第一枚用于军事目的的原子弹。三天后接着在长崎丢下了第二枚。广岛与长崎马上成为一片废墟。一枚原子弹相当于20 000吨梯恩梯炸药，一枚原子弹的威力就相当于4万个500千克梯恩梯炸药的大炸弹同时丢下。而且普通的炸弹没有γ射线、没有冲击波、没有放射性。

原子弹爆炸时巨大的闪光就是γ射线引起的，穿透力很强的γ射线不但到处引起火灾，还刺瞎幸存人的眼睛；巨大的冲击波使城市变成一片废墟；残留的放射性会严重损害幸存人的健康。

日本人不知道美国已经有原子弹了吗？

日本有一位科学家叫黑田，他经常测量矿泉水的放射性。美国在7月16日试验第一枚原子弹时，放射性尘埃从美国新墨西哥州的洛斯-阿拉莫斯飘过北极飘到日本。黑田很懊悔，他没有用他现成的仪器测量一下雨水中的β射线。假如他测了，他一定会去找东京帝国大学的校长南原茂，因为这位校长正在努力面见他们的首相，企图让首相说服日本天皇接受《波茨坦宣言》的条件。若南原茂知道美国已经有了原子弹。他的说服力就会大得多，也许能避免广岛与长崎的悲剧。

日本有一位著名的原子科学家西名吉尾，很多原子科学家都认得他。在20世纪20年代，他曾经在哥本哈根，在尼尔斯·玻尔的指导下工作，并与玻尔的其他学生一起推算出一个"克莱因—西名公式"。回到日本后，建立了一个原子物理学派。日本的副总参谋长河边在预感到可能美国在制作原子弹的时候，曾经问过他在日本能否在 6 个月内做出这种武器，他回答说在日本现在的状况下，6 年也不可能。在广岛丢下原子弹的第二天，河边又把他找去，告诉他广岛市在一刹那间被一颗炸弹全部毁灭了，要他到广岛去实地考察一下。西名吉尾怀着痛苦的心情在 8 月 8 日飞往广岛，他希望不是原子弹，他害怕若真是这种灭绝人性的东西给做了出来，并且使用在自己同胞身上，那么西方的科学家们——自己多年的老朋友在日本人民的眼中就会成为恶魔。当他从飞机上看到这座繁华的城市已经变成了烟雾弥漫的废墟时，他立刻明白了，除了原子弹，再没有其他东西能造成这样的破坏。这位不知疲倦的学者为了确定空气冲击波的作用半径、为了研究土壤放射性，走遍了广岛全城。由于他对工作的认真态度，给这位科学家的回报是，不久后他全身起了脓包。

在完成这个军事行动中，美国人也不是毫无损失。原子弹的主要部分——爆炸核心是由美国海军一艘"印第安那波里斯号"快速巡洋舰运往提尼安岛去的，舰上只有三个人知道运的是什么东西，其余的人只知道是非同小可的物件。由旧金山运往提尼安岛的整个途中，完全采取特殊措施，以防敌方潜艇的袭击。当将这秘密物件卸下后，人们松了一口气返回时，却遭到了敌方鱼雷的袭击，舰上 1196 人中只有 316 人生还。

原子弹的确在结束战争上起了它的作用，8 月 15 日，距第二颗原子弹在长崎爆炸只有六天，日本就宣布无条件投降，结束了罪恶的战争。

● 科学家们的内疚

报纸上描述广岛毁灭的细节越来越多，洛斯–阿拉莫斯制造原子弹的人们越来越感到内疚。各种各样的言论与争论在他们当中展开，有人说："根本不应该做原子弹，研究人员应该在他们认识到这种炸弹可行的时候就停止工作。"有人说："迅速结束战争已经更大地补偿了广岛和长崎的毁灭。"有人说："邪恶在于挑起战争的愿望，不在于新武器的发现。"

费米是怎么想的呢？

费米认为："任何想阻止科学前进的企图，都是没有好处的。无论大自然为人类准备了什么，不管可能是多么使人不愉快，人们都一定得接受，因为无知绝不会比有知好。此外，如果我们不制造原子弹，如果我们将我们所发现和收集的全部数据都毁掉，这并不能毁掉自然界的客观规律。在不远的将来总会有别人出来，他们会在自己对真理的探讨中走上这同一条路，并且会重新发现那些被消痕灭迹的东西。那时候原子弹将会掌握在谁的手里呢？可以想象，那会比把它交给美国人更糟糕。"

哈恩，那位发现原子核裂变的人，他怎么想呢？

1945 年春天盟军占领德国西部和南部时，奥托·哈恩被逮捕，经过一个美国特种监狱转押在英国的剑桥附近。在这里监禁的共有九名德国物理学家，包括著名的海森堡。原子弹爆炸的可怕消息传到了他们的拘禁地时，深深地震撼了这位因核裂变的发现而获得诺贝尔奖金的奥托·哈恩。他在发现铀裂变时，丝毫也没有想到裂变会在实际中有所应用，更没有想到这个发现会造成整个、整个城市的毁灭，会带来不可计数的无辜人的死亡。哈恩的心情是如此的压抑，以致他的同行们时刻都在担心，唯恐他在过度绝望时会自杀。因为他曾对人说，当他知道了原子核分裂带来如此可怕的后果时，他连续几夜都不能入睡，一直想自杀。

他们被扣押在英国一年左右，1946 年初，这些具有正义性的德国科学家都被释放回德国，他们在战争时期，始终没有为希特勒制造原子弹。回德国后，他们为战后的德国发展了科学，培养了人才，但始终没有为德国做原子弹。海森堡与哈恩等 18 人还发表联合公报，反对德意志联邦共和国发展核武器。

九、用巨大的能源为人类服务

● 在艰苦条件下成长的我国科学家

核裂变发现的时候，我国正遭受日本鬼子的侵略。大片的国土沦陷在日本鬼子的铁蹄下，一些著名大学，如北大、清华、浙大等都往西南的贵州、云南等省迁移。日本帝国主义利用他们的空中优势，对我们平民百姓、儿童妇女肆意轰炸。我国老一辈的物理学家吴有训，生于 1897 年江西省高安县，1921 年到美国芝加哥大学求学，与康普顿一起在 X 光的散射方面做出了卓越的贡献。1926 年回国，在清华大学任教，19 世纪末 20 世纪初我国物理学上的重大发展，就是从他的"近代物理"课中娓娓动听地灌输到当时的青年学子心灵中去的。当时还是他的学生的王淦昌，在他的指导下用自己制造的简陋仪器，测量了清华园周围氡的放射性强度以及每天的变化。抗日战争期间吴有训教授随着清华大学迁到云南在西南联大任教。他有一次在作报告时鼓励学生们一定要学好科学，报效祖国。他对比抗日战争中两国的武器说："日本人用的武器是《封神榜》上的，能飞来飞去；而我们所用的武器是《三国演义》上的，只能在地面上。要建设现代化的国防，必须要靠科学技术。"

虽然当时我国的自然科学比较落后，但在核裂变发现的时候，我国也已经有一些胸怀大志的青年学子，在世界有名的大学中求学。前面我们已经提到过的我国老一辈核物理学家王淦昌，就是第一个肯定核裂变的梅特纳尔的学生。王淦昌生于1907年江苏常熟县，在他90高龄时，他曾对他的学生说："有意思的很，我几乎是与核物理同时诞生的，大概老天爷就是要我一辈子与核物理打交道来的。"1930年，王淦昌考取江苏省官费留学，到德国柏林大学学习。1932年查德威克用云雾室发现中子以前，王淦昌曾经向他的老师梅特纳尔建议用云雾室研究这未知的射线，可惜梅特纳尔没有接受这个建议。1933年，希特勒上台，梅特纳尔因是犹太血统受到法西斯迫害。王淦昌怀念着灾难深重的祖国，在学习没有期满的情况下，毅然于1934年回到祖国。

另一个著名的核物理学家钱三强，1913年生于浙江省吴兴县，是五四运动时期著名的语言文字学家钱玄同的儿子。1936年毕业于清华大学，1937年赴法国留学，在约里奥·居里夫妇（即小居里夫妇）指导下工作，1948年与他夫人何泽慧以及其他合作者发现了铀的三分裂与四分裂现象。他们夫妇俩于1948年回国，是新中国核科学的主要创建人之一。

曾经在约里奥·居里夫妇领导下的巴黎大学镭学实验室工作的还有我国的放射化学家杨承宗。杨承宗于1932年在

钱三强

上海大同大学毕业，1934年进入国立北平研究院，从事放射化学的研究。1937年日寇侵占华北，战火危及北平。北平研究院改称中法大学镭学研究所，迁到上海法租界。杨承宗为这实验室呕尽心血。核裂变发现时，他只有28岁，这神奇的核裂变现象使年轻的杨承宗神往。但日本侵略者也不放过这个简陋的实验

杨承宗

室，让汉奸来侵占了这弹丸之地。1944年7月7日，杨承宗心情沉重地离开了这镭学研究所的大门。日本人投降后，1946年，由于严济慈与钱三强的推荐，杨承宗进入了巴黎大学镭学研究所，跟从约里奥·居里夫妇深造放射化学。一直到新中国成立后，1951年10月杨承宗才回到了祖国。

1950年6月25日，朝鲜战争爆发，27日，美国总统杜鲁门公然宣布美国军队入侵朝鲜，并占领中国领土台湾。9月15日，美国纠集15个国家的军队，打着"联合国军"的

旗号，在朝鲜仁川登陆，并把战火引向中国边境，轰炸中国安东等地。10 月 8 日党中央做出抗美援朝的战略决策，决定派志愿军奔赴朝鲜战场，任命彭德怀为志愿军总司令，19 日志愿军就跨过鸭绿江。新中国的优秀儿女，与当时世界上第一号强大的资本主义国家在战场上交上了手。美国军队的强大火力造成中国志愿军巨大的伤亡，使得中国高层领导人认识到军事技术现代化的必要性。战争结束后，许多志愿军军官都想前往南京军事学院学习，事实迫使大家认识到中国必须有现代化的武器与现代化的军事指挥技术。

美国没有在朝鲜战场上使用原子弹吗？

当时我国也担心美国会使用核武器。1952 年 4 月，当时志愿军发现美国在战场上使用了一种威力很大的炮，怀疑是原子炮。中国科学院就派了当时已经是中国科学院近代物理所副所长的王淦昌去朝鲜最前线，用王淦昌自制的仪器测量了弹片的放射性，证明了弹片上并没有放射性。回来后又多次向北京的防化兵部队讲解"原子弹的原理和效应"的课程。

别的国家什么时候有原子弹？

美国有了原子弹以后，苏联、英国、法国也相继制造了原子弹。苏联在 1949 年 8 月 29 日相继爆炸了第一颗原子弹，接着英国在 1952 年 10 月 3 日、法国在 1960 年 2 月 13 日爆炸了第一颗原子弹。

●为制备物资、培养人才作不懈努力

我国的核科学家也想做原子弹吗？

钱三强在巴黎学习的时候，看到新中国的曙光已将升起，下决心回国后要开展核物理的研究，并鼓励在欧洲学习的人学习核物理。1949 年春天，北京刚解放不久，政府给前往欧洲参加和平大会的钱三强提供外汇，用以购买中国第一批核物理仪器。约里奥·居里夫人知道了这事，就努力帮助自己原来的学生完成了任务。

约里奥·居里夫人与她的丈夫不但帮助钱三强购买仪器，在他们的另一个中国学生杨承宗于 1951 年 10 月回国时，他们还诚恳地告诉他："你回去要告诉毛泽东，要反对原子弹，必须自己有原子弹；做原子弹不是那么困难，相信中国一定能够做出原子弹来。"杨承宗想给自己的祖国多带些有用的东西，正在为钱发愁的时候，钱三强托人带给他 5000 元美金。这在新中国初期是一笔相当大的数目。祖国的慷慨和信任，使杨承宗感到无限温暖与责任的重大。他花费了自己的所有积蓄，买了一台 100 进位的进位器，以及各种材料、书籍、药品，大大小小的行李有十几件。惹得同学们都笑话他："你是想把巴黎搬到中国去了吧！"杨承宗还向居里实验室的法国朋友要了一些碳酸钡镭的标准源。这是约里奥·居里夫人亲手制作的母体，是非常珍贵的借鉴实物。约里奥·居里夫人问他："你要这么多干什么？"杨承宗回答："我们中国大，地方多，一分开，就分不到多少了。"

20世纪50年代初期，前苏联有了原子弹后，苏、美两国之间开展了核军备竞赛，核武器成为世界力量平衡的砝码，成为政治、外交、军事斗争的工具，成为决定世界战争与和平的重大因素。世界的形势使得我们国家的领导人认识到：我国必须发展核工业，也要做原子弹。1955年，我国成立了核工业部，调动了全国最优秀的核物理与放射化学的专家，配备了坚强的领导干部，我国的核工业就这样起步了。

为了培养年轻的核工业技术人才，1955年8月，我国在北京大学设立了"物理研究室"。任命胡济民为物理研究室主任，虞福春为副主任。从全国各高等学校物理系三年级选拔优秀学生100名，于当年暑假后调入北京大学物理研究室进行培养。

胡济民，江苏如皋人，1919年1月出生，1942年毕业于浙江大学物理系，1945年获得英国文化委员会的资助去英国留学，1948年获哲学博士学位，并留在伦敦大学任研究助理。在英国期间，致力于核力研究，首先用角动量展开的方法系统地处理非中心力的束缚态和散射问题，并第一次给出了三体系统完整的同位旋本征态。计算了氢3和氦3的非中心力作用下的结合能与散射问题。1949年回国，在浙江大学任职。

胡济民

虞福春，1914 年 12 月生于上海市。1936 年毕业于北京大学物理系；1946 年进入美国俄亥俄州立大学物理系攻读博士学位，在核磁共振研究领域取得了重大科研成就，载入 20 世纪科技发展史册。

胡济民与虞福春虽然不是在研制核武器的第一线，但深知为核事业培养人才的重要性，在自己的岗位上孜

虞福春

孜不倦、不懈努力，投入了毕生的精力。没有在第一线科学家的努力，就没有我国核事业的成功，没有在教学岗位上的教师们的默默努力，同样不可能有我国原子能事业的辉煌成就。物理研究室培养的学生成为我国核工业各条战线上的骨干，钱绍钧、王乃彦就是这些毕业生中的优秀代表人物。

钱绍钧，1934 年 10 月生于浙江省平湖市。1955 年从北京大学物理系被选到物理研究室学习。毕业后留校任助教并

兼做研究工作，1959 年调北京市科委工作。1962 年奉派去前苏联杜布纳联合原子核研究所，1965 年回国后在核工业部原子能研究所高能物理研究室工作。1966 年 3 月调国防科委核试验基地研究所从事核试验诊断技术的研究，历任研究室副主任、主任。1983 年后任基地副司令员、司令员，并主管基地技术工作。

钱绍钧

王乃彦

王乃彦，1935 年 11 月生于福建福州。1955 年从北京大学物理系被选到物理研究室学习。毕业后在原子能所工作，1959 年，年仅 24 岁的他，被破格选拔到前苏联杜布纳联合核子研究所工作。1964 年 10 月，中国第一颗原子弹爆炸成功时，王乃彦与其他科学家在前苏联得知消息后，非常激动。他们希望回国以后参与其中。由于中苏关系破裂，1965 年王乃彦及所有在研究所的中国人员全部撤回到国内。这使王乃彦得以有机会真正在一线参与我国第一颗氢弹的科研工作。

王乃彦回国之后的科研是在青海一个叫金银滩的地方开始的，著名民歌作曲家王洛宾生活过的地方。这里海拔3500 米。王乃彦主要从事核武器实验中近区物理测量工作，以便了解武器的性能并在今后得以改进。他把核物理的方法以及数学的方法应用到核武器测试上，解决了不少数学计算上的困难。这些科研上的突破，在当时是极不容易的，因为没有来自国外的任何资料，完全依靠自己的钻研。

有别国的科学家帮助我们吗？

开始有，当时世界分成社会主义与资本主义两个阵营，前苏联是社会主义阵营的老大哥，这老大哥本来与我国订了合同，要帮助我们研制原子弹并培养核工业人才。但是这老大哥的领导人赫鲁晓夫背信弃义，在 1964 年 6 月撕毁合同，撤回专家，拒绝提供必要的图纸资料。

●我国的蘑菇云终于升上了天空

中国的科学家们在艰苦的条件下，自力更生，终于在 1964 年 10 月 16 日，于新疆罗布泊沼泽地西北 150 千米黄羊沟附近的沙漠中，试爆了第一颗原子弹。蘑菇云升上天空，表明了我们国家的科学力量与保卫和平建设的力量。

两弹元勋邓稼先

在我国成功地让原子弹升空的事业中，我们不得不提起为两弹事业鞠躬尽瘁的"两弹元勋"邓稼先院士。邓稼先，1924 年 6 月 25 日出生于安徽省怀宁县一个书香门第之家。祖父是清代著名书法家和篆刻家，父亲邓以蛰是我国著名的美学家和美术史家，曾担任清华大学、北京大学哲学教授。1925 年，母亲带他来到北京与父亲生活在一起。他 5 岁入小学，在父亲指点下打下了很好的中西文化基础。1945 年毕业于西南联合大学物理系，后在北京大学任教。1948 年 10 月赴美国普度大学物理系留学，1950 年获物理学博士学位，同年回国。历任中国科学院近代物理研究所助研、副研究员，二机部第九研究所理论部主任、第九研究院副院长、院长，国防科工委科技委副主任，核工业部科技委副主任等职。第12届中共中央委员。1986年因长期受辐射伤害，身患癌症逝世。

啊！受辐射伤害？怎么不注意呢？

邓稼先是中国核武器研制与发展的主要组织者、领导者，被称为"两弹元勋"。在原子弹、氢弹研究中，邓稼先领导开展了爆轰物理、流体力学、状态方程、中子输运等基础理论研究，完成了原子弹的理论方案，并参与指导核试验的爆轰模拟试验。原子弹试验成功后，邓稼先又组织力量，探索氢弹设计原理，选定技术途径。领导并亲自参与了1967年中国第一颗氢弹的研制和实验工作。

"明知山有虎，偏向虎山行。"科学家深知核辐射对人体的伤害，在正常情况下，都作了很好的防护；但在试验现场，不免会出现事先没有考虑到的突发事故。在这种时候，邓稼先总是身先士卒，让其他人退到安全区域，而自己去排除故障。有一次爆炸失败后，为了找到真正的原因，必须有人到那颗原子弹被摔碎的地方去，找回一些重要的部件。邓稼先说："谁也别去，我进去吧。你们去了也找不到，白受污染。我做的，我知道。"他一个人走进了那片地区，那片意味着死亡的戈壁滩上！他很快找到了核弹头，用手捧着，走了出来。某次核弹点火后未爆炸，众人面面相觑，邓稼先说了句"我是总指挥"，然后只身走进实验场双手捧出哑弹。

邓稼先是中国知识分子的优秀代表，为了祖国的强盛，为了国防科研事业的发展，他甘当无名英雄，默默无闻地奋斗了数十年，他冒着酷暑严寒，在试验场度过了整整10年，有 15 次在现场领导核试验，从而掌握了大量的第一手材料。他在中国核武器的研制方面做出了卓越的贡献，却鲜为人知，直到他死后，人们才知道了他的事迹。连他的同班同学，著名的诺贝尔奖金获得者杨振宁，都不知道他回国来干了些什么事，还以为中国的"两弹"是靠外国人上天的呢！

我国原子弹爆炸后第二天，周恩来总理就提出："全面禁止和彻底销毁核武器。"

我国做原子弹不是为了使用，而是为了和平。周总理说："尽管中国已全面开展试验和研制核武器，但中国政府仍郑重声明，在任何时候，任何情况下，中国都不会首先使用核武器。"并且不对无核国家使用核武器。

●和平利用核能的曙光——核电站

核裂变的发现，使人类找到了一种巨大的能源。不能让这巨大的能量只是化作震天动地的蘑菇云来威胁人类，要驯服这个强大的魔鬼，让它为人类造福。

释放核裂变的能量却没有像释放化学能量那么简单，汽车灌满汽油就能在马路上跑，带上一块铀却绝不可能让汽车在马路上跑。要利用核裂变的能量，必须用反应推，反应堆可是一个庞然大物，科学家们还没有办法将它做得小巧玲珑。因此，只能利用原子核裂变放出的巨大能量来发电，当地球上化学能枯竭的那一天，只要把汽车改成电动的，那汽车照样能欢快地跑上马路。因此现在利用核能，就是建造核

反应堆

电站。核能发电发展很快，根据 2012 年底的统计，全世界已经有 33 个国家（包括我国）有了核能发电站，共有发电机组 438 个在运行，总电功率达 353 兆千瓦，发电量占世界总发电量的 16%。

　　利用核能发电的原理可以用下面的图来示意。核裂变反应堆放出的能量用高压水管冷却，高压水管把热能带到热交换器，将热传给蒸汽管中的水，使水汽化为蒸汽，蒸汽冲击涡轮机后由冷却塔冷却成水再到热交换器中去；转动起来的涡轮机带动发电机发电。这样就把核裂变放出的能量转变成电能。这只是一个压水堆发电站的简单例子，实际上有各种类型的反应堆和发电站在运行。

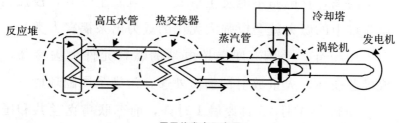

原子能发电示意图

利用核能有很大优点。不但是效率高，1 千克铀 235 相当于 2800 吨煤；而且不会排放污染大气的气体，是相对清洁的能源。想象有一天汽车都改成电动的，那首都北京再也用不着对私人小汽车限行，蓝天白云、微风拂拂、鸟语花香，人人都过上神仙的日子。

●核电站的安全问题

但是，说"核裂变"是个魔鬼，的确也不过分。要这魔鬼老老实实地为人类服务，不出来作怪残害人类，设计反应堆的科学家们必须小心从事。中国核电站的设计有 4 道安全屏障：第 1 道，核电站的燃料是二氧化铀的陶瓷体芯块，能把绝大部分的裂变产物自留在芯块内；第 2 道，有性能相当好的锆合金包壳，锆合金包壳管把芯块密封在管里；第 3 道，压力容器及一回路压力边界；第 4 道，安全壳。

全世界的反应堆设计者都是想尽办法保证反应堆的安全运转，因为大家对著名的切尔诺贝利核电厂的重大事故都谈虎色变，心有余悸。

的确，核电站不能发生事故，一旦发生事故，被控制在反应堆中的魔鬼就会以强大无比的威力出来祸害人类。

    1979 年，美国三厘岛核电站的燃料元件失去冷却，造成堆芯损坏，大量放射性物质外逸，污染了周围环境。

    1986 年 4 月 25 日凌晨 1 时许，前苏联乌克兰共和国切尔诺贝利核电厂发生猛烈爆炸，爆炸源是 4 号反应堆。随着一声突然震天动地的巨响，火光四起，烈焰冲天，火柱高达 30 多米，厂房屋顶被炸飞，墙壁坍塌，大量的碘和铯等放射性物质外泄，使周围环境的放射剂量高达允许指标的 2 万倍，1700 多吨石墨成了熊熊大火的燃料，火灾现场温度高达 2000℃以上。爆炸致使 299 人受到大剂量辐射、19 人死亡，179 人送医院治疗。

    事故间接导致了前苏联的瓦解。前苏联瓦解后独立的国家包括俄罗斯、白俄罗斯及乌克兰等每年仍然投入经费与人力致力于灾难的善后以及居民健康保健。因事故而直接或间接死亡的人数难以估算，且事故后的长期影响到目前为止仍是个未知数。据乌克兰卫生部 2003 年 7 月 23 日公布的数据，在乌克兰全国 4800 万人口中，目前共有包括 47.34 万儿童在内的 250 万核辐射受害者处于医疗监督之下，核辐射导致甲状腺癌的发病率增加了 10 倍多，核事故导致残疾的人数增加了 16 倍，达 10 万人。而核事故发生时 1 岁至 18 岁的受害者健康问题最为突出，这一群体甲状腺癌的发病率比核事故前高 10～60 倍。

    太可怕了！核电站的事故几乎与爆炸一个原子弹相当。

    众所周知，2011 年 3 月 11 日，日本东北海岸发生强烈地震和海啸。处于该地区的福岛一号核电站遭到严重破坏，核电站的多个反应堆开始释放出大量放射性物质，它们随风飘落至世界各地。核电站如何应对天灾也是一个迫切需要解决的问题。

●能源！能源！人类还需要寻找新的能源

让核裂变为人类提供能量还有两个问题，一是原料的问题。

全球铀资源的分布极其有限，价格在每千克 40 美元以下的铀基本上产自 10 个国家，其中澳大利亚储量为 64.6 万吨，占 41%；加拿大为 26.5 万吨，占 17%；哈萨克斯坦为 23.2 万吨，占 15%；南非为 11.8 万吨，占 8%；这 4 个国家就占了世界铀储藏量的 80% 以上。

中国是铀矿资源不甚丰富的一个国家。我国铀矿探明储量居世界第 10 位之后，截至 2005 年，中国已探明的铀储量为 7 万吨，不能适应发展核电的长远需要。最新调查显示，地球已知常规天然铀储量，即开采成本低于每千克 130 美元的铀矿储量仅有 459 万吨，仅可供全世界现有规模核电站使用 60～70 年。

另一个问题是核废料的问题，"裂变炉"烧完后却不是像普通炉子那样只剩下可以当肥料的灰烬，核废料具有很强的放射性，它必须经过很好的屏蔽与深埋，否则要残害人类。

因而，虽然核裂变是目前最巨大的能源，但并不是使人类可以高枕无忧的能源。

能源！能源！人类还需要努力寻找能源！

与 55 年以前成立物理研究室一样，北京大学走在了为国家培养核技术人才的第一线，于 2010 年 6 月 13 日，成立了"北京大学核科学与技术研究院"，强激光技术专家杜祥琬院士为第一任研究院院长。

杜祥琬院士

杜祥琬，1938 年 4 月生于河南南阳市。1956 年 5 月加入中国共产党。1964 年 10 月莫斯科工程物理学院研究生毕业。同年分配到第二机械工业部第九研究院理论部工作，历任研究室主任、研究员、副所长、院科技委副主任、副院长。1987 年任国家 863 计划激光技术主题专家组成员兼秘书长。1991 年任国家高技术 863 计划 410 主题首席科学家，同年 4 月，成为强激光主题专家组首席科学家。1997 年当选为中国工程院能源与矿业工程学部院士。2002 年当选为中国工程院副院长。

显然，这个包含了各个有关学科的研究院，除了要大力发展核技术在各方面的应用以外，很重要的是开展新能源的研究以及培养有关的人才。我们将在下一部分详细介绍人们对"人造小太阳"的不懈努力，而这新能源密切关系到"强激光"的研究，因而强激光技术专家杜祥琬院士被聘为第一任院长是最好的选择。

十、太阳的光辉与氢弹的威力

●远古祖先与太阳的斗争

太阳是万物之源，地球上的一切都依赖于太阳，没有太阳就没有植物，没有植物，就没有埋藏在地下的煤炭、石油；没有太阳，就不可能有大气环流，也就没有了供水力发电的滔滔河水。

太阳神阿波罗

在希腊神话中，太阳神阿波罗是万神之王宙斯的儿子，是天神当中一位高大英俊、多艺多才的神。太阳神阿波罗一手拿着他最喜欢拨弄的七弦金琴，一手拿着象征太阳的金球。他每天驾着由四匹马拉着的金光灿灿的太阳金车，从东方升起飞驰过天空到西方落下去。他把光明普照大地，把温暖送给人间。

在中国的神话中，似乎与太阳的斗争多于对它的歌颂。大概我们的祖先认为太阳为人类服务是天经地义的，但它的桀骜不驯祸害人类却是万万不允许的。

按照神话传说，上古时代曾经有十个太阳在天上跑，把地上照耀得树木枯焦，燥热无比，人类无法生存。有一个神箭手后羿，拿了弓箭射下了九个太阳。大概我们的祖先经受过不少烈日炎炎的旱灾，才会有这样射日的神话。还好后羿留下了一个

后羿射日

太阳，没有顺手把太阳都射下来，否则后果不堪设想。

好像这样的神箭手也是有负面影响的，鲁迅先生把他大大地奚落了一下，写了一篇故事新编《奔月》，说后羿这神箭手把地球上所有能吃的动物都杀光了，只剩下繁殖能力很强的乌鸦，只好每天让他美丽的妻子嫦娥吃乌鸦炸酱面。嫦娥实在受不了每天的"乌鸦炸酱面"，只好偷吃了灵药逃到月球上去了。

唐朝诗人李商隐写道："嫦娥应悔偷灵药，碧海青天夜夜心"，诗人认为嫦娥在寂寞的月宫中真不如在地上舒服，即使天天吃乌鸦炸酱面！她早就懊悔离开了体贴她的丈夫与

温暖的人间，她思念着地球，思念着中国——她的故乡。一直到 2007 年 10 月 24 日，我国的嫦娥一号火箭探测器飞上月球，才给寂寞了多少年代的嫦娥送去了一点乡情。

我们的祖先当然不知道地球是球形，也不知道地球是绕着太阳运动的。只见太阳每天从东方升起，西方下落，不尽如人意。就有一个大力士夸父，放开大步去追太阳，心想，太阳在高高的天上时我够不着，等你在西方落下山时，我总可以把你捉住吧，等我把你捉住，那你就得乖乖听我摆布，要你发多大的光就发多大的光，要你在天上停多长时间就停多长时间！这就是"夸父追日"的神话。

夸父追日

我们的祖先虽然没有现代科学的武装，却深知太阳对人类的重要，他们不甘心被动地受自然力的控制，想自己控制太阳。假如夸父真的追到太阳，人类能控制太阳，就不愁太阳老化，不愁什么世界末日，可以让太阳永远年轻。如果后羿真的把九个小太阳都像乌鸦那样射到了地上，我们可以将这闪闪发光的小圆球控制在实验室里，不就是"人造小太阳"吗？地球上的能源危机就解决了。

●太阳的温度与化学成分是如何知道的

太阳离我们那么远，我们也不能像量体温那样拿一个温度计去测量它的温度，也无法到太阳上取一些物质来到化学实验室做化学分析，科学家们是如何知道太阳的温度与化学成分呢？

普朗克

到了科学已经很发达的年代，每一项科学上的新成就都提供了人们对太阳的进一步了解。牛顿力学让人们计算了太阳的质量与离地球的距离。热力学、光学上的成就更打开了人们对自然界的进一步认识；特别是人们掌握了光谱分析这项科学技术，大大促进了对宇宙的科学研究。人生活在小小的地球上，浩瀚无际的太空给我们的信息就是靠它们传递过来的光，更准确一点说，靠它们传递过来的大大小小不同波长的电磁波。

首先，太阳的光谱分析让人们得知了太阳的温度与它包含的化学成分。

原来一物体发的光，可分为两种。其中一种是组成物体的分子杂乱无章的运动发出的电磁波，分子作杂乱无章的运动，称为热运动，热运动所发出的光称为热辐射。

从日常生活中我们知道，一块碳或一块铁温度比较低时，发出的是红光，温度越高，发出的光越白越青紫。19世纪末20世纪初，物理学家对热辐射规律进行了很多研究。用分光镜将不同频率的电磁波分开，测出其强度（一定时间辐射到一定面积上的能量），以强度为纵坐标，频率为横坐标，可以画出曲线图，这些电磁波中，有些是人的眼睛能看到的，为可见光；有些人眼不能看到，如紫外光与红外光，人眼能感受到的电磁波其实只是电磁波中很小一部分，不能看到的，可以用其他仪器测量到。

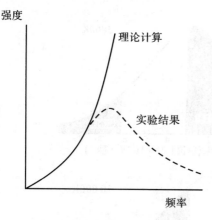

强度

理论计算

实验结果

频率

紫外光灾难

　　实验上画出了热辐射曲线，人们总是希望在理论上能解释实验的结果，希望从理论上计算出这样的曲线来。当时的电磁场理论已经非常完美，计算并不困难。但是用经典的电磁波理论计算出来的强度随频率变化的曲线如图中的实线所示，而实验所得的曲线如图中虚线所示，只有在频率比较小的区域两者相符，在频率比较大的部分，也就是紫外光的部分很不相同，这个矛盾在科学发展史上称为"紫外光灾难"。

　　理论与实验不符，说明了物理学理论将有一个飞跃。"紫外光灾难"就是导致经典物理学向近代物理学过渡的一个里程碑。德国物理学家普朗克在研究黑体辐射时，提出了能量子假说，也就是说，光的能量是有最小的单位的，只能是它的频率的整数倍，倍数就是以他命名的普朗克常数。从而在理论上计算了黑体辐射能量随频率分布的曲线，与实验结果完全相符；能量子假设为 20 世纪物理学的发展做出了卓越的贡献。图中（A）是一个温度为 5800 K（K 表示绝对温

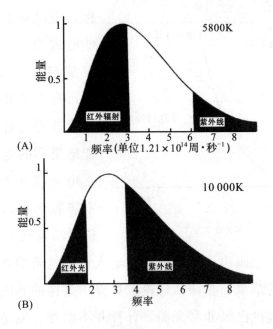

连续光谱与温度关系

度，也就是把日常用的摄氏温度的零下 273 摄氏度作为零度）的物体发出的连续光谱，（B）是一个温度为 10 000 K 的物体发出的连续光谱。温度越高，频率高的光强度越大。（A）图的光谱就是太阳光谱，可见光的部分"红橙黄绿青蓝紫"混合在一起就是我们看到的白光。从太阳的光谱我们就知道太阳的表面温度为 5800K，这只是表面温度，太阳内部的温度要高得多。

热辐射光谱是连续光谱，各不同元素还因分子的不同结

构发射分子光谱，这种光谱是线状光谱，不同的元素能发出不同的特征光谱线，因而从各种特征谱线就能知道发光体包含什么化学成分。对太阳光谱线研究的结果，知道太阳中氢（H）含量最多，按质量计，约占太阳物质的 80％；其次为氦（He）；再有就是碳（C）氮（N）氧（O）等，重元素铀等就微乎其微。

●太阳的能量从哪里来的呢

亥姆霍兹

在太阳这样高的温度下，所有的物质都以气态存在。太阳（所有其他恒星也一样）向外界不断发射能量，要是没有能量的补充，发射能量的后果是慢慢冷却，太阳是如何补充自己的能量的呢？德国的著名物理学家亥姆霍兹（1821～1894）认为，太阳从诞生时起，组成太阳的一大团物质就在自己的相互吸引下不断收缩。我们知道，在实验室里，对一容器中的气体作绝热压缩，气体的温度必然升高，要保持气体温度不变，则气体必须对外放热。太阳所有物质没有因为它们是气态而飞散，是因为原子之间存在着相互吸引的万有引力。在万有引力下太阳不断收缩，收缩所做的功转化为热能，这能量辐射到太空中去，也到达绕它转动的地球上来，使地球上衍生了生命。但是，英国卓越的物理学家开尔文（1824～1907）发现了这样解释的不合理。用这样来解释太阳能量的来源，则太阳的年龄不会超过2000万年。而当时地质学家从地球上地质考察有生命迹象的化石，估计这些岩石的年龄约为1亿年，则必须太阳至少要有1亿年能发出像目前一样的大量的辐射。更糟糕的是，地质学家进一步发现，有生命的化石的岩石年龄远远超过1亿年，目

开尔文

前估计大约是30亿年！也就是说，太阳必须在30亿年前就发出了现在这样的辐射来促使地球上诞生生命，太阳不可能用压缩自己来维持30亿年！

太阳的能量从何而来？不可能单靠收缩自己来获得那么巨大的能量？这个难题一直到20世纪发现了放射性、核裂变，知道了质量与能量实质上是同一回事，有了爱因斯坦的质量与能量的关系式，科学家们才解决了太阳能量来源的谜团。

当然，太阳不是一个原子弹，也就是说它不是利用铀235的裂变来获得能量，太阳中的铀元素少得可怜，几乎可以忽略。太阳中最多的元素是氢，核物理学家早就计算了所有元素的结合能，知道两个氢原子核的质量要比一个氦原子核的质量要大。因而两个氢原子核结合成一个氦原子核时，多余的质量就以能量形式放出，这种结合称为聚变。人为地在短时间内发生聚变而大量放出能量，就是威力比原子弹大得多的氢弹。

太阳就是一个非常大的氢弹，但它不是用来毁灭人类，

而是用来维持地球上的万物生长。

●太阳的年龄有多大了

太阳也像人一样，有初生、幼年、青年、中年、老年、一直到死亡。宇宙学家是如何来推测太阳的过去与未来的呢？从天文观测越来越先进的现在，宇宙学家已经看到无数的恒星，这些恒星有的在初生阶段，有的在青年期……，有的在老年期，太阳不过是与我们最接近，关系最密切的一颗恒星而已。就好像我们看到初生的婴儿、懵懂的孩子，就知道了我们的幼年状况，看到老态龙钟的老人以及无助的死亡，就能想象自己的未来那样。宇宙学家已经为太阳描绘了它的一生。

太阳在星际气体中的诞生

恒星在星际气体中诞生，我想有点像春天在空中飘飞的柳絮，绝大多数柳絮散飞在空中，但也有一部分结成一团。正如《红楼梦》中的诗人林黛玉写的《柳絮词》："粉堕百花洲，香残燕子楼。一团团、逐队成球。……"太空中的很多氢原子，像柳絮一样，到处都是，但有的飞散了，有的在飞舞中，却一团团、逐队成球。等到球团聚有一定的质量后，那就与柳絮不一样了，氢原子之间有着相互吸引力，使它们不但不再分开，而且越抱越紧，这样，一颗恒星婴儿就诞生了。

宇宙学家估计，太阳诞生后，要经过5亿到10亿年的幼年时期，在这时期中，太阳不断收缩，从而不断因收缩而提高自己的温度，一直到氢原子核的核聚变发生。也就是说，点燃了自己的核聚变燃烧炉，成为现在这样子，即到了太阳的青壮年时期，宇宙学里称之为"恒星处在主序星阶段"。我们见到的太阳，就是处在主序星阶段，从核聚变开始到现在，已经有45亿年。

宇宙学家估计，到现在，太阳已经用掉燃料氢一半左右。这样计算起来，氢聚变成氦的燃烧过程至少还能持续50亿年。当太阳耗尽氢燃料以后，便会开始把氦作为燃料。同时，太阳会开始膨胀，成为红巨星；再持续10亿年左右，再塌缩为慢慢冷却的白矮星。

生活在太阳的青壮年时期的人类，用不着因为太阳终究要耗尽燃料成为白矮星而担忧。太阳这个核聚变炉还可以燃烧50亿年呢，在太阳远没有走完青壮年期的现在，我们要有我们的祖先——"后羿射日""夸父追日"——那样的大无畏的精神，我们要在地球上制造"人造小太阳"！

●点燃氢弹的"火柴"是什么

原子核要发生聚变，必须两个核碰在一起。正如走在大街上或在一个聚会厅里，一个大胖子比一个小瘦个子容易被人碰撞一样，我们用"碰撞截面"这个名词来描述两个原子核碰撞的概率。两种粒子的碰撞概率大，我们就称为这两种粒子的碰撞截面大。氢是地球上贮藏最丰富的元素，水分子就是由两个氢原子与一个氧原子组成的。地球上有用不完的水，就有用不完的氢。但是物理学家发现，氢原子核，也就是质子，质子与质子的碰撞截面非常小。

太阳中心有很密集的氢，碰撞截面小对太阳不但无关紧要，而且对太阳节约能量是有利的，它慢慢地使用氢燃料，让它自己可以比较长期地处在青壮年时代。但在地球上要想人造一个小太阳，却不能选碰撞截面太低的氢氢反应。

氢还有两种同位素。一种是重氢，它的原子核称为氘，由一个质子与一个中子组成；还有一种为氚，原子核由一个质子与两个中子组成。原子的化学性质由原子核中的质子数决定，因而氢、氘、氚的化学性质都一样。而氘氘反应与氘氚反应的反应截面就要大得多，特别是氘氚反应，反应截面比氘氘反应大一个数量级。因此人们要实现聚变反应，主要着眼于氘氚反应。氘是天然存在的，海水中大约每 600 个氢原子中就有一个氘原子。氚却不是天然存在的，但可以用中子轰击锂产生，下面的图是两个产生氚的反应式。图中白球代表中子，黑球代表质子。锂 6 的原子核是由三个质子与三个中子组成的，锂 7 是有三个质子与四个中子组成的。最后一项为该反应所放出的能量，第二个反应放出的能量是负的，意思是吸热反应，也就是说，必须高能中子去轰击锂 7。接下来的图为几个重要的聚变反应。我们看到，（b）与（c）两

○ + ⬤⬤⬤ → ⬤⬤○ + ○⬤⬤ + 4.79兆电子伏

中子　　锂6　　　　　氚　　　氦

○ + ⬤⬤⬤⬤ → ○ + ⬤⬤○ + ○⬤⬤ − 2.47兆电子伏

中子　　锂7　　　　中子　氚　　　氦

中子与锂的反应图

⬤⬤ + ○⬤ → ⬤⬤○ (1.01兆电子伏) + ⬤ (3.03兆电子伏) (a)

氘　　氘　　　　氚　　　　　　　　质子

⬤⬤ + ○⬤ → ⬤⬤○ (0.82兆电子伏) + ○ (2.45兆电子伏) (b)

氘　　氘　　　氦3　　　　　　　　中子

⬤⬤○ + ○⬤ → ⬤⬤○ (3.52兆电子伏) + ○ (14.06兆电子伏)(c)

氘　　氘　　　氦4　　　　　　　　中子

⬤⬤ + ⬤⬤○ → ⬤⬤○ (3.67兆电子伏) + ⬤ (14.67兆电子伏) (d)

氘　　氦3　　　　氦4　　　　　　　质子

几个重要的聚变反应

种反应都会产生中子，特别是（c），放出了高能的中子。

聪明的科学家用氘化锂来做聚变反应的燃料，一举两得。第一，氘化锂为固体，比气态的氘与氚容易处理；第二，只要给燃料送进一些中子，中子与锂反应得到氚，在一定条件下就能引起氘氚反应，氘氚反应又产生了高能中子，这中子又可以与锂反应得到氚。聚变炉就点燃了。

上图中所示的最后一项，氘氦3的反应也为人们所看好，这个反应不但反应截面比较大，而且因为不产生中子，是最清洁的能源。可惜的是地球上没有天然的氦3，人类登月以后，发现月球表面的土壤中却富含氦3。感谢我们的老乡嫦娥姐姐，她为人类准备了那么多的氦3燃料，人们已经计划在将来用月球车从月球运回氦3。有人估计，如果采用氦3核聚变发电，仅需消耗25吨氦3就能完成美国年发电总量；完成中国年发电总量只需8吨氦3；全世界一年有100吨氦3就够了。法国科学家宣布，有希望在2030年，利用氦3进行核聚变发电实现商业化。据估算，月球上有300万～500万吨的氦3储量，能够支持地球7000年的发电量！

氢弹就是人类在地球上点燃的聚变炉，也是人类在地球上做成的第一种人造小太阳。可惜的是，它放出的巨大能量，只能破坏，不能造福人类。

从出现原子弹到氢弹的诞生过程是比较短的。美国在洛斯—阿拉莫斯试爆原子弹是在1945年7月16日，在太平洋一个小岛上试爆第一颗氢弹是在1952年11月1日，前后只有7年零4个月。我国第一次试爆原子弹是1964年10月15日，第一次试爆氢弹是1967年6月17日，前后只有两年零8个月。说明从原子弹到氢弹，只有一步之遥。

氢弹的爆炸是用原子弹作为点火能源的，即点燃氢弹这个聚变炉的火柴是核裂变。将聚变核燃料氘化锂做成小球与一小型原子弹一起放在氢弹弹壳内，在原子弹爆炸的百万分之几秒内，原子弹所释放的中子迅速与燃料中的锂产生氚，原子弹释放的能量将氢弹中的聚变核燃料迅速加热到高温和压缩到高密度，引起燃料聚变而完成氢弹爆炸。

但是氢弹释放的能量是不可控制的，美国在太平洋一个小岛上爆炸的世界第一枚氢弹，巨大的爆炸火球直径达到4000～5000米，红色的蘑菇云直冲到20 000～30 000米高空，估计释放的能量相当于$1×10^7$吨TNT炸药的能量，若将这能量用于和平建设，能开凿一条巴拿马运河，但这枚氢弹却只能把那个太平洋小岛炸得无影无踪。

●从保密到公开再到国际合作

但是，从氢弹到"聚变炉"却绝不是一步之遥。

用原子弹点燃聚变炉，显然是没法控制的。要利用聚变的能量，有控制地应用这巨大能量，必须想其他办法。

有了核裂变反应堆，原子弹的制造与原子能的和平利用几乎可以说是同时进行的。1945年试验原子弹成功，1951年美国在爱达荷国家反应堆试验中心成功地进行了核反应堆发电的尝试。此后不久，1954年6月，前苏联在莫斯科近郊粤布宁斯克建成了世界上第一座向工业电网送电的核电站；1961年7月，美国建成了第一座商用核电站——杨基核电站。

有了核裂变的"前车之鉴"，人们以为从制造氢弹到和平利用核聚变也只是一步之遥。因而在20世纪50年代，前苏联和美、英各国对核聚变的研究，一直在互相保密的情况下开展，当然保密的原因除了以为受控核聚变很快能成功以外，还有不可告人的军事战备心理。经过了多年各国独立、秘密的研究，其结果远未达到当初的期望，人们开始认识到核聚变问题的复杂和研究进程的艰难。苏、美等国感到保密不利于研究的进展，为了让人类尽快利用核聚变能源，只有开展国际学术交流，才能推进核聚变的深入研究。于是，1958 年秋在日内瓦举行的第二届和平利用原子能国际会议上达成协议，各国互相公开研究计划，并在会上展示了各种核聚变实验装置。

核聚变反应不但燃料很易获取，而且是很清洁的能源，这是造福人类的能源，人类必须利用这能源。因此，必须更有力地集结全世界的科技力量，来成功完成核聚变反应堆的设计。1985 年，由美苏首脑提出了设计和建造国际热核聚变实验堆 ITER 的倡议；1988 年通过国际合作，美、苏、欧、日四方开始 ITER 的设计；1990 年完成了 ITER 概念设计（CDA）；1998 年，美、俄、欧、日四方共同完成了工程设计（EDA）及部分技术预研。2005 年，中国也参加了 ITER 的建造。2005 年 6 月 28 日上午，国际热核反应堆（ITER）部长级会议在莫斯科举行，中国、俄罗斯、欧盟、日本、美国和韩国等参与国再次讨论了 ITER 场址问题。由于欧盟和日本在场址问题上的争执，ITER 场址一直未能确定下来，经过 1 年多的谈判，6 个计划参与国最终达成了一致意见，确定法国的卡达拉什为 ITER 计划场址，并签署了联合宣言。时任中华人民共和国科技部部长徐冠华在会议上做了重要发言。徐冠华说："6 月 28 日是人类共同探索未来能源生产的历史性时刻，国际热核实验反应堆计划参与各方最终在反应堆的建造地址问题上取得一致意见。这是该计划参与各方谈判的重要成果，是人类在核聚变研究方面的重大里程碑事件，为该计划的早日启动迈出了重要一步。"

要做一个核聚变炉，或核聚变反应堆，简单地说，就是像烧一个柴火灶似的，第一研究如何把燃料聚在一起；第二研究如何点火。科学家们在努力了近半个世纪以后，人类和平利用核聚变开始有了一丝曙光。

受控热核反应的研究主要有两条路径，一条是磁约束聚变，英文简称 MCF；另一条为惯性约束聚变，英文简称为 ICF。这两条路线在科学原理与技术手段上有着重大差别，我们将分别在下面做一些介绍，期望两条路线的努力都获得成功。

十一、把小太阳用磁场笼子关起来

●如何做磁场笼子

原子核是带正电荷的，因此一对原子核之间需要具有足够大的相对运动动能，才能克服库仑斥力而相互接近，引起核反应。例如两个氘原子核，需要有 200 千电子伏的相对运动能量，才能互相接近到 10^{-12} 厘米的距离内而引起核反应。要把离子加到多高的温度才能有 200 千电子伏的动能呢？室温时空气分子的平均动能只有 0.01 电子伏，因此要使氘原子核有机会相互碰撞而发生热核反应，必须将核燃料（氘或氘氚混合物）加热到几千万摄氏度以上。当然，这样高的温度，氘已经完全电离，这种完全电离后的离子与电子混合在一起，称为等离子体气体。

为了实现受控热核反应，从理论上与实验上研究等离子体的运动规律，就是"等离子体物理"这样一门学科。

事情就这样矛盾，希望两离子靠近吧，要给它们能量，只能靠提高它们温度来使它们有足够高的能量；可提高了温度，它们早都成了气体，离子都在作杂乱无章的运动。

任何普通的容器都无法聚集住如此高温的等离子体，唯一的办法是用磁场来约束它。也就是说，假如把氘离子比作一些乱飞的小鸟，则能关住它们的只有磁场。

磁场可以是永久磁铁产生，也可以是利用电流产生，为了得到人们所希望的磁场，用电流产生磁场会更方便些。

为了容易了解磁场约束等离子体的原理，大家要记住以下一些电磁学知识：

第一，磁场的方向与大小，可以形象地用磁力线表示。下图是一个载流线圈（也就是有电流流过的线圈）的磁力线的示意图，磁场的方向，就在磁力线上画一个箭头就是了，磁场的大小就用磁力线的疏密来表示，在图中就能看到，在电流圈中间磁场比较大，离开电流圈越远，磁场就小。

第二，带电粒子在磁场中作圆周运动或螺旋线运动。当带电粒子的速度与磁场 B 的方向垂直时，就在与磁场垂直

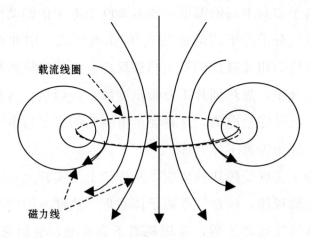

载流线圈产生的磁场示意图

的平面上作圆周运动，如下图所示，当磁场 B 沿 z 方向时，正离子在 xy 平面上作顺时针圆周运动；（电子带负电，运动的方向就逆时针），同样速度的离子，磁场越强，圆周运动的半径越小。若正离子还有一沿 z 方向分速度，则正离子沿磁力线作螺旋线运动。

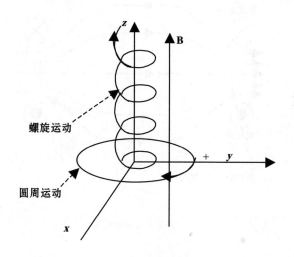

带电离子在磁场中的运动

第三，带电粒子绕着磁力线运动时，磁场越强，绕圈的速度越快，但又要遵从能量守恒原理，转圈的速度越快，则沿磁力线跑的速度就越慢。就好像一个人沿着梯子上高塔顶，若要求你在每一层上必须转几个圈子再上高一层，你的力气用在转圈子的多，用在上楼的就少，甚至完全失去了上楼的力气而停止向上。

接下来的两图分别表示两电流同向且相距一定距离的线圈所产生的磁场；两电流异向且相距一定距离的线圈所产生的磁场。掌握了电流产生磁场的规律，设计者可以按照自己的设计要求让载流线圈绕成各种形状来获得所需要的磁场形式。也就是说，我们要设计各种各样的磁场来约束等离子体，让等离子体达到足够高的温度与密度，使氚离子互相碰撞而发生聚变反应。

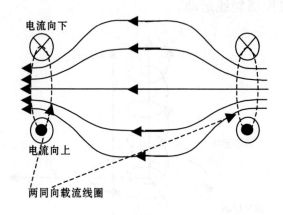

两同向线圈的磁场

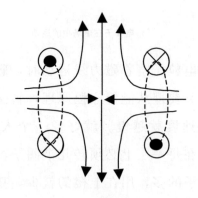

两异向线圈的磁场

●让磁力线成直线怎么样——角向收缩装置

　　角向收缩装置是高密度脉冲装置的一种。在历史上，这种装置最先在实验室条件下得到了热核聚变。由于它具有磁场形态简单、对等离子体加热有效、稳定性较好等优点，所以多年来在装置技术、实验方法、理论研究工作方面都有较大的发展。后面将谈到，最有希望的环形装置，就是从直线形发展而成的。

　　简单地说，角向收缩是在一放电管外做一个圆筒形的单匝线圈，如图所示，放电管中放入少量氘气，让电流突然通过线圈，在放电管中引起沿管轴方向的变化磁场，如图中磁力线所示。变化的磁场在放电管中引起感应电场，就像下雨天打雷那样，感应电场击穿了气体，形成了一薄层电流，称为等离子体电流鞘。等离子体电流鞘迅速向轴心运动，使粒子的能量增加，等离子体温度、密度升高，从而达到聚变反应。

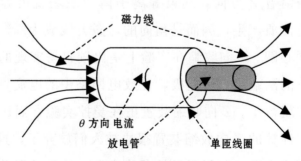

单匝线圈磁力线

由于等离子体中的电流密度沿 θ 方向，故名 θ 收缩装置，或角向收缩装置。

角向收缩不能关住氘离子，是个开放型的鸟笼子。很明显，由于角向收缩装置的磁场是有限长度单匝线圈所产生的磁场，两端的磁场必然要比中间小，因而磁力线必然是散开的。因此，带电粒子在两端不可能被磁场约束住，离子会从两端丢失；等于燃料很快丢失，炉子就不能比较长久地燃烧。这就决定了这种装置不能是恒稳装置，而只是快脉冲装置。希望在等离子体只有少量流失时，就已经达到热核反应所需要的密度与温度。这种约束系统称为开端约束系统，开端系统无法克服的缺陷，使研究者放弃了这种设计。

●让电流成直线怎么样——Z 向收缩装置

角向收缩装置的等离子体电流是角向的，约束离子的磁场方向是 Z 向的。Z 向收缩的装置刚好相反，让等离子体中的电流沿着 Z 方向，约束等离子体的磁场就由等离子体本身的电流所产生，因而是角向的，磁力线成为围绕等离子体柱的同心圆。Z 向收缩在实验上是比较容易实现的，只要在放电管的两端装上两电极，让放电回路中的电流直接通过等离子体就行了。Z 向收缩装置虽在受控实验方面比较早被研究，但纯粹的 Z 向收缩装置很快被人们放弃了，这是由于 Z 向收缩存在着一些很明显的不稳定性，比较重要的有腊肠式不稳定性与扭曲不稳定性。

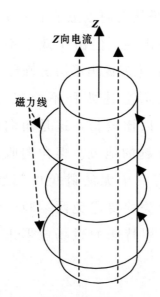

Z 向收缩示意图

　　腊肠式不稳定性如图所示，若等离子体柱在某处出现一个细颈子，会怎样变化呢？电流产生的磁场有这样的规律：电流越大磁场越强，离电流越近，磁场越强。现在等离子体中的电流是相同的，但细颈子处就比粗颈子处离电流要近，因而磁场也强，磁场能产生磁压强，也就是说对等离子体有一种压力，细颈子处压力大，因而细颈要越来越细，最后发生断裂。

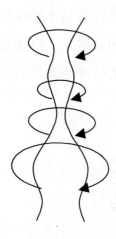

腊肠式不稳定

　　扭曲式不稳定性如后面的图所示。当等离子体柱略有弯曲时，凹处（图中 a 处）比凸处（图中 b 处）的磁场强度要大，磁场的大小从磁力线的疏密就能看出，磁场越大磁压强也越大，因而凹处愈凹，凸处愈凸，等离子体柱弯曲得更厉害，最后碰到管壁而淬灭。虽然人们也想了不少办法来改进这种不稳定性，但由于效果不显著，Z向收缩装置也就退出了历史舞台。

　　角向收缩没有上述两种不稳定性，因而约束时间可以比较长，这是角向收缩比Z向收缩优越的地方。但角向收缩与Z向收缩都有一个无法避免的问题，即两端粒子的流失。要避免两端粒子的流失，只能想法用特殊的磁场位形来约束等离子体。

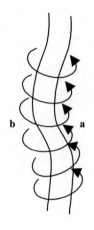

扭曲式不稳定

● 让磁力线两端收缩怎么样——磁镜装置

　　所谓磁镜装置，就是使磁场两端磁场较强，中间较弱，使磁力线在两端向着对称轴会聚。这种磁场位形是比较容易实现的，如前面所说，只要在空心圆柱形的容器外，两端绕上两个线圈，让两电流同方向流动，所产生的磁场就是简单的磁镜的磁场位形。

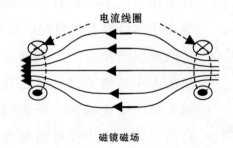

磁镜磁场

离子在磁场中绕磁力线作螺旋线运动时，磁场越强（也就是磁力线越密）转得越快，但因转动的总能量不变，因而沿磁力线方向运动越慢，就像前面已经比喻的那样，若让你爬高塔，要是让你每上一层要转很多圈子，你就用完你的力气，没法爬到最高顶而只能下来了。也就是说，有的离子到了两端磁力线很密处，沿磁力线的速度甚至到零，然后相反方向走，就像光线碰到镜子一样，被反射回来。"磁镜"的名称也就由此而来。

但是，并不是所有粒子都会被反射回来，有些离子沿磁场的速度太大，到达两端时会逃出磁镜外，因而磁镜也还是达不到关住所有离子的目的。

●将放电管做成环状闭合装置

既然直线型的装置对约束等离子体都存在缺陷，人们就想法让装置做成为环状。要将等离子体约束成环状，首先想到的是把上面所讨论的角向收缩与 Z 向收缩装置弯成环状。

把角向收缩的直放电管弯成环状，没有了开口的两端，解决了离子丢失的问题，但新的问题又出现了。直的放电管，中间的磁场是均匀的，把放电管做成环形，中间的磁场就不均匀了。如

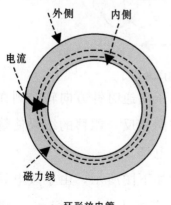

外侧　内侧

电流

磁力线

环形放电管

图所示，环内侧的磁场比外侧要强。

在均匀的磁场中，若只看与磁场垂直的运动，离子是作圆周运动，圆心不离开磁力线。同样速度的离子，在强磁场中转的圈半径小，在较弱的磁场中圈半径要大，因而在不均匀的磁场中，若磁场上强下弱，则离子不会再走圆周轨道，而是到弱磁场处（下面）走半径比较大的圆弧，到了强磁场处（上面）走半径比较小的圆弧，因而向一边漂移。由于等离子体中有正负两种离子，若我们让图中的磁场垂直纸面向

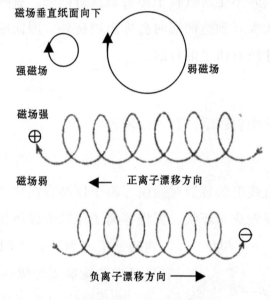

正负离子向相反方向漂移

下，正离子向顺时针方向转，负离子向逆时针方向转，则在不均匀磁场中，正负离子的漂移方向相反，飘移的结果使管子中的正负电荷分离，形成了一个电场。

若将环形放电管截取一段放大如下图所示，由于放电管的内侧要比外侧的磁场大，因而在截面上取一坐标 xy，则

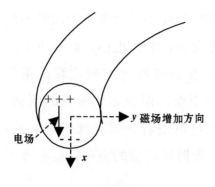

环形放电管截面图

磁场沿 y 方向增加。与上图的情况比较知，正离子要向负 x 方向漂移，负离子要向正 x 方向漂移。漂移的结果使正负离子分开，在管中形成一个向 x 方向的电场。

这电场又使带电粒子发生漂移。如下面的图（a）中，在没有电场时，当磁场垂直纸面向上时（即 z 坐标方向），正负离子作圆周运动如图所示。当有了电场，电场沿着纸面向上，即 x 方向如图（b）所示，则正离子在走左半圆时要加速，走右半圆时要减速；速度越大，回旋半径越大，因而正离子转到上半圈时的半径要比下半圈时大，从而要向负 y

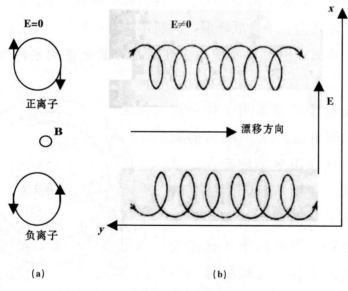

（a）   （b）

电场使正负离子漂移

方向漂移；而负离子走左半圆时要减速，而走右半圆时要加速，则负离子转到上半圈时速度小，半径也小，而到下半圈时，速度大，半径也大，结果也是向负 y 方向漂移；正负离子都不可能走圆周轨道回到原点，而成如图所示的漂移，漂移的方向为负 y 方向。通常可以用右手螺旋规律来表示，即右手四指从电场转向磁场，大拇指所指的方向，就是离子漂移的方向。

结合上面两图的情况，正负离子向负 y 方向漂移，就是向放电管外壁漂移，形成挤压而最后丢失，因而这样简单的环形磁场是无法让等离子体稳定的。

大家要记住，我们的目的是让我们的燃料，氘离子乖乖地在环形管中间，运动速度不断增大（也就是温度不断升高），然后相互碰撞而发生聚变反应，不能让它们去碰管壁，去碰管壁，要么离子丢失了，要么管壁被破坏了。

把角向收缩弯成环形，问题还多着呢！

那么，把 Z 向收缩弯成环状是否满足平衡条件呢？所谓把 Z 向收缩弯成环状，就是让电流沿着等离子体环流动，则电流产生的磁场的磁力线就像很多小环套在环状管上，如图所示，图中只简单画了三圈磁力线示意。粗略地看，若环的半径远远大于截面半径，对环的每一小段看，都相当于一直线收缩

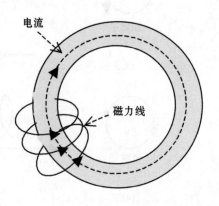

Z向收缩弯成环状

情况，似乎应该达到平衡。其实不然，因为从整体来看，环与直线有着本质上的不同。环的内侧的磁场显然要比外侧大，磁力线要密，从图上就能看出，因此内侧的磁压强要比外侧大，等离子体没法平衡。

因此，简单地用角向收缩或 Z 向收缩做成环状是不行的。要克服不稳定问题，中、外科学家们从理论到实验研究各种各样的磁场位形，认为，要比较稳定地约束一环状等离子体，必须有三种磁场。①B_Φ，由通过等离子体环的纵向电流所产生；②B_θ，为了稳定性必须加上的沿环的纵向磁场；③B_z，为了平衡扩张力而加上的均匀外界磁场。如下图所示意。

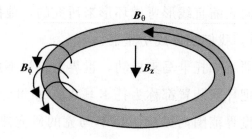

环形装置的三种磁场示意图

把角向收缩的直线形管弯成环状时，B_θ 已经存在，为了防止带电粒子向外侧漂移，必须加上磁场 B_Φ。当然为了平衡扩张力，B_z 也是必需的。

把 Z 向收缩的直线形管弯成环状时，B_Φ 已经存在，为了平衡扩张力加上了 B_z，为了稳定加上了 B_θ。

B_z 的大小不能任意，由平衡条件所决定。而 B_Φ 与 B_θ 的大小对不同装置有不同的处理。有的纵向磁场 B_θ 要比 B_Φ 大很多倍。而有名的英国泽塔（JET）装置刚好相反，纵向

磁场 B_θ 要比 B_Φ 弱得多。

从两种直线形管到环形管，出发点不同，异途同归，为了获得稳定的高温等离子体，发生聚变反应，要设计的磁场位形实际上是类似的。

●最成功的磁场笼子——托卡马克

在 20 世纪 50 年代中叶到 60 年代初，苏联与美国分别进行环形装置的研究，苏联是从 Z 向收缩弯成环形来研究的，他们的装置称为 Tokamak，我们翻译成托卡马克。美国是从角向收缩直线形弯成环形来研究的，他们的装置称为 Stellarator，我们翻译成仿星器。

仿星器不如托卡马克成功，世界上慢慢不用仿星器这名词，而都把环状装置都称为托卡马克。20 世纪 60 年代苏联提出后，世界范围内掀起了托卡马克的研究热潮。到现在，全世界共建造了上百个托卡马克装置。美国、欧洲、日本、苏联建造了四个大型托卡马克，即美国 1982 年在普林斯顿大学建成的 Tokamak 聚变实验反应堆（TFTR），欧洲 1983 年 6 月在英国建成更大装置的欧洲联合环（JET），日本 1985 年建成的 JT－60，苏联 1982 年建成超导磁体的 T－15；它们都在磁约束聚变研究中做出了重要的贡献。特别是欧洲的 JET 已经实现了氘、氚的聚变反应。1991 年 11 月，JET 将含有 14％的氘和 86％的氚混合燃料加热到了 3 亿摄氏度，约束时间达 2 秒。反应持续 1 分钟，产生了 10^{18}

个聚变反应中子，聚变反应输出功率约 1.8 兆瓦。1997 年 9 月 22 日创造了核聚变输出功率 12.9 兆瓦的新纪录。不久输出功率又提高到 16.1 兆瓦。在托卡马克上最高输出与输入功率比已达 1.25。

中国最大的受控热核反应与等离子体的试验基地——四川乐山"核工业西南物理研究院"在 20 世纪 60 年代中期创建。是我国最大的从事受控核聚变和等离子体物理研究以及等离子体应用开发的实验基地，在国际上享有较高的声誉。该院 1984 年建成的 Tokamak 装置，中国环流器一号（HL-1）和 1994 年建成的中国环流器新一号（HL-1M）两个中型托卡马克装置及其实验研究成果，代表了当时我国磁约

我国第一台中型聚变装置——中国环流器一号

束聚变实验研究的水平，处于国际上同类型、同规模装置的先进行列。位于合肥的等离子体物理研究所建立一台超导 Tokamak，该 Tokamak 的建成，将使中国拥有世界第三大超导 Tokamak，使中国在磁约束聚变方面的研究跨上一个新台阶。2006 年，这个命名为"EAST 全超导非圆截面托

卡马克"的实验装置大部件已安装完毕，进入抽真空降温试验阶段。下图为 2006 年 2 月 4 日拍摄的 EAST 全超导非圆截面托卡马克实验装置照片。

EAST 全超导非圆截面托卡马克

要设计受控热核反应堆，必须考虑这样一些问题：①如何加入原料；②如何提高到足够高的高温；③不能让等离子体流失，或至少不能轻易流失；④如何将反应热取出转变成电能。上面我们只局限在介绍磁约束聚变的磁场的大致情况，也只是考虑了上面的第三条，也就是如何不能让等离子体轻易流失的问题。

等离子体是许多带正电的离子与带负电的电子的集合，它既是一种导体，又是一种流体。因为它是一种导体，变化的磁场引起了感应电场，必然在等离子体中引起电流，这电流又产生了磁场，因而约束等离子体的磁场既有外界电流产生的磁场，还有等离子体中电流产生的磁场，这就比单纯用一些固定的线圈产生某种要求的磁场的问题要复杂得多。它是一种流体，又不是普通的流体，而是在电磁场中运动的能导电的流体，既要服从流体力学的规律，又要服从电磁场的规律。研究导电流体在电磁场中运动的规律，称为电磁流体力学。因此要设计热核反应堆，必须要熟知电磁流体力学的规律。

作为比较稀薄的气体，粒子与电子的单独行为也占很大分量，带电粒子在电磁场中有着各种复杂的行为，设计者必须了解这些行为。

当气体中存在温度梯度时，分子热运动能量就会从温度高的区域向温度低的区域传递，这就是热传导。当气体中存在密度梯度时，气体就要从密度高的区域向密度低的区域扩散。完全电离的气体（即等离子体）也有类似的过程。此外由于粒子是带电的，在一定的条件下粒子的运动会形成电流。这些现象，通称为输运过程。

为了得到受控热核反应，我们必须获得高温等离子体，而且要将高温等离子体约束一足够长的时间。要达到这个目的，除了要保证等离子体的力学平衡与宏观稳定性以外，必须把扩散、热传导、等输运过程引起的粒子与能量损失控制在允许的极限范围内。另外，等离子体电流对约束与加热等离子体也有重要影响。

用磁场约束等离子体来实现受控热核反应，碰到最危险的绊脚石就是不稳定问题。我们知道，要实现热核反应，就需要把等离子体约束一足够长的时间。但由于存在着某种不稳定性，使得等离子体很快就消失了，达不到所要求的时间。因而，要达到受控热核反应，必须从理论上以及实验上对稳定性问题进行深入的探讨。

由于存在着大量的理论与实验上的问题，因而人类要真能造成核聚变反应堆，必须集中全世界的优秀人才来攻克这个难关。

在这里，只用最少的一点物理知识来介绍这个问题，有兴趣加入制造"小太阳"行列的有志青年，必须在老师的指导下，广泛地学习有关知识，这是一个既很有意义也饶有趣味的课题。

十二、把小太阳做成小丸子

实现核聚变的第二条路就是惯性约束聚变。与磁约束聚变不同，不是用各种磁场位形来约束聚变原料，而是像太阳那样，靠离子之间的万有引力（重力）相互吸引，把聚变原料聚在一起。离子有质量，也就是有惯性，因此靠离子本身的质量（惯性）使等离子体聚集在一起，就是惯性约束。

要实现惯性约束，必须等离子体的密度很大。很稀薄的等离子体，由于粒子的热运动，要向外扩散，向内聚集的重力抵挡不住向外的扩散，惯性约束也就不能实现。

要在地球上制造一个小太阳，第一步将核燃料，例如氘氚，做成一个小球；第二步要把这个小球加热使之成为等离子体，并且得到高温而产生核聚变，放出巨大的核聚变能量，也就是说，要把这燃料点火而放出能量。用什么"火柴"去点燃这个"氘氚小球"？

氢弹是人类在地球上实现的第一种人造小太阳。氢弹的爆炸是用原子弹作为点火的能源的。将核燃料氘氚做成小球与一小型原子弹一起放在氢弹弹壳内，在原子弹爆炸的百万分之几秒内，原子弹所释放的能量将氢弹中的热核燃料迅速加热到高温和压缩到高密度，引起燃料的聚变而完成氢弹爆炸。但是氢弹的爆炸是不可控制的，人们想制造一些能控制的小氢弹，一个一个地爆炸，收集其能量，用于和平建设。

能不能找到原子弹以外的得心应手的"火柴"，就是能不能实现惯性约束核聚变的关键。

● 神奇的炮弹——激光

"激光"一词是英文缩写词"LASER"的意译。1964年，钱学森院士提议取名为"激光"，既反映了"受激辐射"的科学内涵，又表明它是一种很强烈的新光源，贴切、传神而又简洁，得到我国科学界的一致认同并沿用至今。

1964年诺贝尔物理学奖一半授予美国马萨诸塞州坎布里奇的麻省理工学院的汤斯，另一半授予苏联莫斯科苏联科学院列别捷夫物理研究所的巴索夫和普罗霍罗夫，以表彰他们从事量子电子学方面的基础工作，这些工作导致了激光的出现。

汤斯1915年7月28日出生于美国南卡罗莱纳州的格林维尔，15岁高中毕业后进入格林维尔的佛曼大学，他不但物理学得很好，还对语言科学有特殊的兴趣。1935年19岁就以优异的成绩获得了物理和语言学两科的学位。他在很多方面都得到了发展，曾是博物馆的讲解员和校刊记者，参加游泳队、足球队。1936年在杜克获物理学硕士学位，1939年在加州理工学院获博士学位，研究的题目是有关同位素分离和核自旋的问题。

汤斯　　　　　　　巴索夫　　　　　　　普罗霍罗夫

1964 年诺贝尔奖金获得者

　　普罗霍罗夫 1916 年 7 月 11 日出生于澳大利亚昆士兰州艾瑟顿一个流亡的俄国革命工人家庭里，1923 年回到祖国苏联。从小学到大学，他的学习成绩始终名列前茅。1939年以优异成绩毕业于彼得格勒大学物理系，同年进入苏联科学院列别捷夫研究所振动实验室当研究生，1941～1944 年战争期间在作战部队服役，负伤后复员回到列别捷夫研究所，继续从事研究工作。1960 年，普罗霍罗夫当选为苏联科学院通讯院士，1966 年当选为院士。1968 年他被任命为列别捷夫物理研究所副所长。普罗霍罗夫由于研制分子振荡器与他的同事巴索夫一起获得列宁奖金，他还由于在亚毫米波波谱学方面的工作获得苏联国家奖。他被授予社会主义劳动英雄称号，曾四次获列宁勋章。

　　巴索夫 1922 年 12 月 14 日出生于俄罗斯的乌斯曼，父亲是一位大学教授。巴索夫于 1941 年在代龙涅什中学毕业。卫国战争中在部队服役。1946 年进入莫斯科机械学院，1950 年毕业。从 1948 年起，巴索夫就在苏联科学院列别捷夫物理研究所振动实验室任实验员，大学毕业后继续在该研究所工作，并升任工程师，1956 年获得博士学位，1963 年，任该所新建立的量子电子学实验室主任，兼莫斯科工程物理学院（原莫斯科机械学院）教授。普罗霍罗夫与巴索夫联名发表的两篇有关微波激射器的开创性论文，第一作者都是巴索夫，第二作者是普罗霍罗夫。可见，巴索夫在这项有历史意义的工作中起了何等的作用。当时巴索夫还未取得博士学位。

什么是激光？它与普通的光有什么不同？

通常我们看到物体的发光，可以分为两种。

一种是热辐射，把一铁条，加热到一定温度，会发出红光，再加高温度，发出的光慢慢变白。并不是温度低时没有发光，只要不是绝对零度，都会发出电磁波，只是不在可见光的范围内，我们人眼感觉不到而已。热辐射是由于分子或原子的热运动而向外传播的电磁波，发射电磁波只会降低温度，也就是降低原子分子热运动的平均能量，不会改变分子原子本身结构。这种发射电磁波的过程，在物理上就称为"热辐射"，不叫"发光"。

发光是怎么回事呢？原子或分子受到某种激发，原子核外的电子从基态跃迁到高能阶，再从高能阶跳到基态，把多余的能量以光的形式放出，这就是发光。发出的光具有一定频率，用光谱仪分析，可得到与原子性质紧密联系的线光谱。激发原子发光的有：电致发光，原子在电场作用下发的光，如闪电、霓虹灯等。光致发光，如磷光、荧光等。电子束激发发光，如电视、雷达、示波器、计算机等的荧光屏的发光。

物理上用波与粒子的二重性来描述光，粒子性表现在它是光子，光子的能量是与其频率成正比的，因此光的频率与发光原子两个能阶的能量差别密切联系着。把光看成电磁波，光有传播方向、有振动方向等。普通光源发的光，传播方向与振动方向都是各向同性的，也就是说各个方向都有。而激光，却具有一定的频率、一定的传播方向、一定的振动方向，当然，这里的一定不是绝对。

下图表示电子在两能阶上跃迁的示意图。E_2 为高的能阶，E_1 为低的能阶。（a）为自发辐射的情况，电子从高能阶跳到低能阶，放出频率为 ν 的光子，$E_2 - E_1 = h\nu$，h 为普朗克常数，光的传播方向各向同性。（b）为受激吸收的情

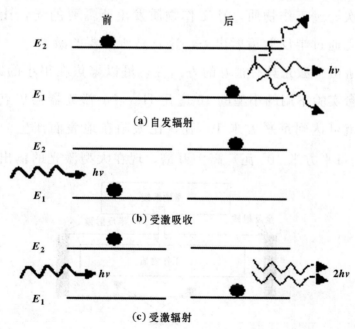

电子在两能阶之间跃迁的几种情况

况，吸收了一个光子，电子从低能阶 E_1 跳到高能阶 E_2，入射光子的能量被吸收了。（c）为受激辐射的情况，吸收了一个光子 $h\nu$，电子从高能阶 E_2 跳到低能阶 E_1，放出两个光子，出射光子的频率与方向都与入射光子相同。

激光就是利用原子的受激辐射原理做成的，简单地说，激光器由三部分组成：①工作物质，譬如固体激光器中的红宝石棒，即选择为具有理想的 E_2 与 E_1 能阶的物质。②激励系统，譬如固体激光器中的脉冲闪灯，为激发光的输入系统。③共振腔，譬如固体激光器中的聚光镜。

共振腔很重要，它的目的是将激励系统进入共振腔的光波选出所要的频率与传播方向，利用反射镜让这样的光多次经过工作物质，让工作物质发出所需要的光，让这样的光通过半反射镜射出去，这就是所需要的激光。

由于激光具有很好的方向性，可以聚焦在很小的区域，一台实验室用的小型的 10 毫瓦 He－Ne 激光器的焦点处光强就可达到每平方米 10^7 瓦，比太阳在地表面产生的光强（约每平方米 10^3 瓦）高 1 万倍。现在大型激光的输出功率

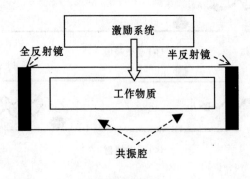

激光器示意图

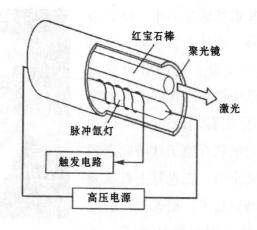

红宝石棒

聚光镜

激光

脉冲氙灯

触发电路

高压电源

固体激光器示意图

可达数十千瓦或更高，焦点处光强可达 10^{22} 瓦/平方米。

●首先提出激光打靶的科学家

　　我国著名科学家王淦昌先生感到激光正是引爆核聚变的一个很理想的点火能源，1964 年，他提议用激光打氘冰，看是否有中子放出。王淦昌写了文章《利用大能量大功率的光激射器产生中子的建议》。王先生提出的用激光打氘化铀靶产生中子的建议，实际上就是用激光打靶实现惯性约束聚变的雏形，因为中子就是核聚变的产物。后来发现，前苏联巴索夫院士等在 1963 年也提出可以利用激光将等离子体加热实现惯性约束聚变的建议，与王先生的想法不约而同。

　　王淦昌院士是我国实验原子核物理、宇宙射线及基本粒子物理研究的主要奠基人和开拓者，在国际上享有很高的声

王淦昌

誉。在多年的科研生涯中，他奋力攀登，取得了多项令世界瞩目的科学成就。1941年，他独具卓见地提出了验证中微子存在的实验方案并为实验所证实。1959年，他在前苏联杜布纳联合原子核研究所领导一个研究小组，在世界上首次发现反西格马负超子，把人类对物质微观世界的认识向前推进了一大步。1964年，他独立地提出了用激光打靶实现核聚变的设想，是世界激光惯性约束核聚变理论和实验研究的创始人之一，也使我国在这一领域的科研工作走在当时世界各国的前列。

1964年，王淦昌提出了研究激光聚变的倡议后，受到国家高度重视，我国的激光聚变研究蓬勃地开展起来。

用于惯性聚变的激光可不是人们能在医疗上或其他用途上见到的小型玩意儿。

● 巨大的"神光"装置

1965年，上海光机所开始用高功率钕玻璃激光产生激光聚变的研究。1973年5月，上海光机所建成两台功率达到万兆瓦级的高功率钕玻璃行波放大激光系统。1974年，上海光机所研制成功毫微秒10万兆瓦级6路高功率钕玻璃激光系统，激光输出功率提高了 10 倍。1980 年，王淦昌提出建造脉冲功率为 1 万亿瓦固体激光装置的建议，称为激光 12 号实验装置。1986 年夏天，张爱萍将军为激光 12 号实验装置亲笔题词"神光"。于是，该装置正式命名为"神光 I 号"。

神光 I 号位于上海市嘉定区清河路 390 号光机所内，总建筑面积 4612 平方米，为 4 层钢筋混凝土框架结构，总高度 15 米。该装置输出两束口径为 200 毫米的强光束，每束激光的峰功率达 1 万亿瓦，脉冲宽度有 1 纳秒（10^{-9} 秒）和 100 皮秒（10^{-12} 秒）两种，波长为 1.053 微米（10^{-6} 米）的红外光，可倍频到 0.53 微米绿光。实验室内配有物理实验靶室及全套诊断测量设备，能开展激光加热与压缩等离子物理现象的研究和激光 X 光谱等基础研究工作。

1990 年，"神光 I 号"获得国家科技进步奖一等奖。

1994 年，"神光 I 号"退役。"神光 I 号"连续运行 8 年，在激光惯性约束核聚变和 X 射线激光等前沿领域取得了一批国际一流水平的物理成果。1994 年 5 月 18 日，"神光 II 号"装置立项，工程正式启动，规模比"神光 I 号"装置扩大 4 倍。

"神光 II 号"装置采用了国产高性能元器件，独立自主解决了一系列的科学技术难题，其数百台光学设备集成在一个足球场大小的空间内。"神光 II 号"能同步发射 8 束激光，在约 150 米的光程内逐级放大：每束激光的口径能从 5 毫米扩为近 240 毫米，输出能量从几十个微焦耳增至 750 焦耳/束。技术参数与当今世界上最先进的在运行的美国 OMEGA 装置相当，总体性能达到国际同类装置的先进水平。

"神光Ⅱ号"激光驱动器

1995 年，我国科研人员开始研制跨世纪的巨型激光驱动器——"神光Ⅲ号"装置，计划建成十万焦耳级的激光装置。2007 年 2 月 4 日，中物院神光Ⅲ激光装置实验室工程举行了盛大的开工奠基仪式。该工程位于绵阳中国工程物理研究院内，建筑面积 28154 平方米，平面布置：呈长方形布置，建筑物总长 178 米，总宽 75 米，建筑结构十分复杂。规划中的"神光Ⅲ号"装置是一个巨型的激光系统，比当前世界最大的 NOVA 装置（1985 年在美国劳伦斯—利弗莫尔国家实验室（LLNL）建成的钕玻璃激光器）还要大一倍多。原计划它具有 60 束强光束，紫外激光能量达 60 千焦，质量和精密性要达到 21 世纪的国际先进水平，现在该计划可能已经进一步修改，以提高能量规模。惯性约束聚变点火工程（2020 年）已被确定为《国家中长期科学和技术发展规划》的十六项重大专项之一。

我国在 2010 年前后还研制了"神光Ⅳ号"核聚变点

火装置。

要成功实现惯性核聚变，激光装置的研究是关键之一，很多光学专家在默默无闻的辛劳工作着，范滇元院士就是其中的一位。

范滇元

范滇元，光电子与激光技术专家。江苏省常熟县人。1962年毕业于北京大学，1966年中国科学院上海光机所研究生毕业。中国科学院上海光机所研究员，技术委员会主任。中国光学学会激光专业委员会主任，上海光电子行业协会理事长。从事"神光"系列高功率激光装置的研制及应用30多年，先后参与研制"星光一号""神光I号""神光II号"等大型激光装置。近年又投身巨型"神光III号"装置的设计与研制，任总体技术专家组总工程师。在激光系统总体设计光束传输理论与应用、强激光与物质相互作用等方面取得一系列先进成果。先后获得陈嘉庚奖、中科院科技进步特等奖，国家一等奖、上海市一等奖和光华工程科技奖等。1995年当选为中国工程院院士。

●激光轰击靶丸后发生了什么

激光轰击靶丸后发生了什么？

靶丸是一个很小的球体，直径是毫米的数量级，甚至更小。可以用一个玻璃小球中间装氘氚气体做成，中空的小玻璃球做起来需要不少工艺上的技巧，但还是比较容易解决的。

怎么把气体氘氚燃料装进密闭的玻璃小球呢？开个小孔吗？

非也！是在高温高压下将燃料气体通过玻璃内部的孔隙扩散进小玻璃球中去。气压高达几十兆帕斯卡甚至更高，这是很高的压强，一个大气压只有 0.1 兆帕斯卡，几十兆帕斯卡即几百个大气压的压强。为了加强扩散，还需把气体加温到 500 摄氏度以上温度，并维持足够长的时间，让燃料填好后，再降温至室温，将靶丸保存备用。

除了用玻璃作燃料容器外，还有用适当的塑料做容器，相应也有一套工艺技巧。

处理燃料时还特别需要注意安全，因为氚是放射性元素，氚水（HTO），即一个氢原子一个氚原子与一个氧原子结合成的水，有剧毒，必须采取严格措施，不能有丝毫泄漏。

激光打靶时是如何有效地将激光的能量传给靶，并使靶内燃料发生聚变反应呢？这过程研究起来是很复杂的，我们只能简单地把这过程叙述如下。

如下图所示意，当强激光射到靶壳上时，靶壳就融化为等离子体，图中以等离子体冕示意。这等离子体冕向外喷射时，像火箭一样产生极大的反冲的冲击波，冲向靶丸，图中以粗箭头表示；这冲击波将氘氚燃料做成的靶丸压缩到极高

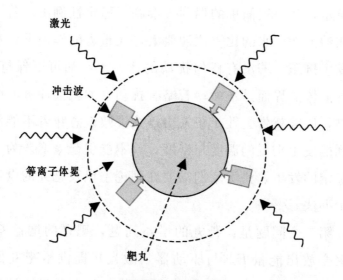

激光

冲击波

等离子体晕

靶丸

激光与靶相互作用示意图

的密度（1000～10 000 倍固体密度）和极高的温度。在靶
内产生热斑，热斑发生核聚变反应，相当于点火，并迅速传
遍整个核燃料靶丸，使整个靶丸发生聚变反应，并释放出大
量的聚变能。这样的靶丸被称为销蚀靶。

● 必须考虑的两个问题

对于销蚀靶，必须考虑下面两个问题。

第一个问题是：销蚀靶在压缩过程中，很容易发生瑞利—泰勒不稳定性，这不稳定性是由于挤压是在不同密度的流体之间发生的，如

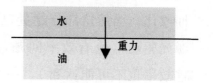

瑞利—泰勒不稳定示意图

图所示，为一很简单的瑞利—泰勒不稳定性例子。若一层水浮在油上面，水的比重比油要大，在重力的作用下，水与油要发生挤压。若没有任何扰动的话，水与油可以保持平衡，两种液体的界面是平面；若略有扰动，油就会冲破界面向水中跑，压缩就告失败。靶丸中压缩失败就意味着不能使燃料达到能发生聚变的温度与密度，就不能引起聚变。为了防止不稳定的发生，科学家们需要在理论上以及靶丸的设计上想不少办法。

第二个问题是：靶丸的增益问题，靶丸的增益 Q 定义为聚变放出能量 E_{out} 与驱动器（激光）提供给靶丸的能量 E_L 之比。即 $Q = E_{out}/E_L$。人们要做人造小太阳就是为了给我们提供能量，必须希望有很高的增益，何况为了完成激光打靶，还有着很多其他能量的消耗。简单地来算一笔经济账，从靶丸放出的能量 E_{out} 必须通过热机转化成电能，其中 η_{te} 为热机（即热—电转换器）效率，这效率必然小于 1，即送出热机的能量 W 必然小于送进热机的能量 E_{out}，否则成为永动机了（别忘了第一部分讲的海水永动机）；从热机送出的能量 W 也不能全部拿来用了，别忘了发生激光还需要激光驱动器，没有能量给激光驱动器，又何来打靶的激光？因此还应该有一部分能量 φW 输入激光驱动器，其中 φ 为能量回收比。当然这部分能量也不可能全部转变成激光的能量，激光驱动器也有效率问题，以 η_d 表示激光驱动器的效率，这效率也不可能达到 1。一个靶丸发生聚变能输出的能量为 $(1-\varphi)W$。

φ 越小，反应堆输出的能量越大，显然，热机效率与激

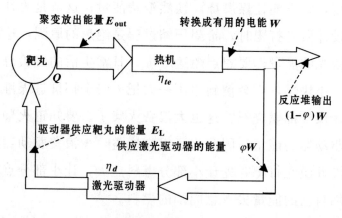

靶丸的增益示意图

光驱动器的效率 η_{te}、η_d 越大越好，但这受一定的客观规律制约，不可能无限增大，因而必须想法让靶丸的增益 Q 增大。

如何才能让靶丸的增益增大呢？第一要使核燃料尽量出现聚变反应，不浪费；第二尽量让核燃料的压缩过程为绝热压缩，压缩到能聚变的程度，不浪费激光能量；第三采取部分点火的方式，让部分的反应自动过渡到全部。

打个简单的比方吧，假如我们想点燃一堆煤，总不能让煤块散落在一个较大的范围，必须第一步将它们聚得比较紧的程度，聚得比较合适，煤就不会浪费，要是还有一些散落，这些煤就不会燃烧，就浪费了。把煤聚在一起，就相当是激光把靶的外壳气化成等离子体，让气层的反冲力压缩核燃料的过程，希望尽量把核燃料都压缩成可以发生聚变的程度。另一方面，只要把煤聚在一起足够紧密就行了，也就是说，只要紧密得点燃一块煤就能引起旁边的煤燃烧就行了，用不着在压缩煤堆时还去提高煤的温度，提高一些煤的温度，并不能让煤燃烧，徒然浪费能量；这就是为什么科学家设计激光打靶时，希望压缩过程是绝热的原因，这样能节约激光的能量。要想点燃这堆煤，日常生活的经验总是先点燃一小块煤，不会傻到想用一大把火柴全都掷进煤堆，想同时让煤堆都燃烧吧？这也太浪费火柴了。要知道火柴就是激光驱动器的能量，因此为了提高增益，少浪费驱动器能量，要设计激光打靶时先让小部分燃料点火，让小部分点火成功后用自己的能量去点燃周围的燃料。

为了防止瑞利—泰勒不稳定性，为了提高靶丸的增益，科学家们绞尽脑汁，设计各种激光驱动器与形形色色的靶丸。

为了避免压缩时不稳定性的发生，常常把驱动器设计成多束激光束，能均匀地照射在靶丸表面上。如果激光束不能均匀地照射在靶丸表面上，则会造成向心爆聚的不对称，不对称性直接导致销蚀层等离子体中的不稳定性。另外，制备这样的销蚀靶在技术上要求很高。不但因为氘氚燃料球的尺寸很小，通常直径为几百微米；为了避免在涂敷时氘氚燃料泄漏，涂敷工艺温度必须小于 100 摄氏度。而且为了防止内爆过程中的界面不稳定性，涂层密度和厚度的不均匀性须小于 3%，涂层表面的粗糙度（即表面峰谷间距）须小于 100 纳米（即 10^{-9} 米）。

各国科学家曾设计了多种销蚀靶，现在把几种靶丸作一比较。每个图分上下两部分，上图的扇形是靶丸的一部分，黑色表示固态的 D-T（氘—氚）燃料，阴影部分为轻材料所作的靶壳，气体（GAS）是一种填充物，一般用惰性气体。下图为相应的激光脉冲,横坐标为脉冲持续时间,纵坐标为脉冲强度。如第一图,最高强度为每平方厘米 10^{15} ～

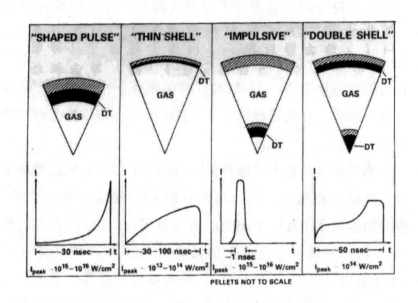

几种销蚀靶的设计

10^{16}瓦,激光持续时间为 30 纳秒。

第一种设计称为"尖锐脉冲靶",以其需要一个尖锐的激光脉冲而命名,是 1969 年劳伦斯—利弗莫尔实验室的纳科尔斯等提出的。驱动器的激光开始比较平滑,最后来一个尖锐的脉冲,开始的较平滑的激光目的是让销蚀层将 DT(氘氚)燃料绝热地压缩到很高的密度(10 000 倍固体密度),然后用一个尖锐的高脉冲将燃料点火。由于开始的冷压缩是理想的,实际上不可避免地激光的能量要用来加热外壳层部分,因此其增益并不理想,通常小于 100。而且,尖锐的脉冲需要很强的激光驱动器,这个方案最后被人们放弃。

第二种设计称为"薄壳靶"，是 1978 年前苏联阿法纳斯耶娃等人设计的。它避免了对激光器发一个尖锐脉冲的要求，激光驱动器能量也比较低；靶丸增益可以达到 300～1000，比第一种要好。这个设计的缺点是靶壳太薄，靶丸半径与厚度之比在 60～100，这样薄的靶壳，在内爆时非常容易发生瑞利—泰勒不稳定性，而且实际上也很难达到理想的增益。

第三种设计称为"脉冲靶"，是 1977 年洛斯阿拉莫斯实验室佛瑞里提出的。是与高效率的 CO_2 激光器相配合的。激光的能量集中在一个很小的时间范围内，形成 1～2 纳秒（10^{-9} 秒）的脉冲。高强度的激光产生了丰富的高能电子（电子温度 $T_e \geqslant 50$ 千电子伏），外壳被设计成几个电子自由程的厚度，当外壳层被加热后飞散，反冲效应使余下的壳层向内冲击。计算表明，中心壳层所受到的冲击和"尖锐脉冲"靶类似。"脉冲靶"的缺点是内壳层燃料对脉冲的对称性要求很严，换句话说，对内爆的不对称性过分敏感。另外，脉冲作用在外壳层，在外壳层中没有 DT 燃料，也是一个缺点。

第四种设计称为"双壳层靶"，是 1977 年林德提出，被劳伦斯—利弗莫尔国家实验室（简称 LLNL）看好为高增益的靶设计。主要燃料在外壳层，与内壳层的点火部分处在不同的物理状态下，使得压缩过程中主要燃料处在冷绝热状态，因此获得比较高的增益。要求的激光脉冲也比较平坦，提高了激光等离子体耦合效率。这样的靶丸在制作上比较困难，很难保证内壳层能够放在外壳层的中心。

我国在靶丸的制作、靶物理研究方面，也正在蓬勃开展，建立了很多理论模型，进行了大量数值模拟。在激光驱动器"神光装置"和"星光装置"上进行了激光与靶耦合、辐射场与高温高压等离子体特性、内爆动力学和流体力学不稳定性、热核点火和增益等物理规律的系统研究，获得了对靶物理规律较系统和深入的认识。

●黑洞靶或炮球靶

销蚀靶是直接让激光聚焦在靶上，称为直接驱动法。为了改进直接驱动的缺点，人们应用第二种驱动的方法：间接驱动法。用高原子序数 Z 的材料（如金）做成以类似黑洞的空腔，将含有氘氚聚变燃料的靶丸悬在腔内，激光束从腔壁的小孔射在腔壁上（不是直接照射在靶丸上），就像光线进了黑洞类似，只进不出。因而这样的靶又称为黑洞靶或炮球靶，是针对销蚀靶的缺点而研究改进的。下面的图就是黑洞靶的示意图。靶外球直径为 $400\sim500$ 微米（微米为 10^{-6} 米），壁厚 $4\sim6$ 微米，球壁上的小孔直径为 $40\sim100$ 微米。入射激光经透镜聚焦后的焦点，就在这小孔上。这样激光几乎可全部进入球内，最终被吸收。据说，这种靶是日本人首先提出的；但也有人说，美国人早已在 20 世纪 70 年代初期就进行了这种实验，只是出于保密，没有公开发表而已。不管怎样，日本大阪大学以山中

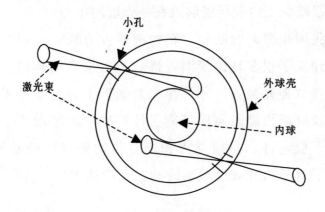

小孔

激光束

外球壳

内球

黑洞靶示意图

千代卫教授为首的激光工程研究所（简称 ILE）已经应用了这种黑洞靶，山中千代卫教授把黑洞靶画成如后面图所示的几种情况。图中黑粗箭头表示激光，细黑箭头表示外

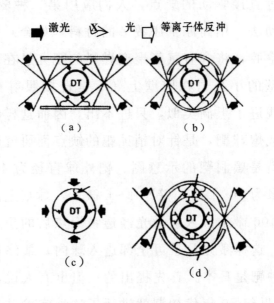

黑洞靶示意图

壳内壁因激光照射后产生的 X 光，白粗箭头表示对靶丸的压力。图中（a）表示外壳为一圆柱筒的情况，燃料核被圆柱内表面发出的 X 光所驱动。图（b）用一比圆柱更闭合的空穴，而且使更均匀的 X 光射在燃料核上。图（c）表示除了黑洞外壳外还有一内壳，激光射到内壳时也发出 X 光，图（d）表示一种更综合的模式，燃料核分别被外层以及内层 X 光以及等离子体气体发射所驱动。在 1983 年底，他们利用这种黑洞靶方式（他们自己称为炮球靶），获得目前世界上激光打靶的最高中子产额，即每发 4.0×10^{10} 个中子。当然，他们能够得到这个成就，除了靶的新颖设计思想外，他们的激光能量和功率也是非常大的。这个激光装置，名为 GekkoXII，是该所目前最大的一个，也是世界目前最大的激光装置，并且于 1983 年底才安装好的。这个激光装置，还在逐年不断地增加功率和改进。

黑洞靶除了利用激光的效率高外，还有另外一个优点，就是它的内球表面的光洁度和均匀度，并不像销蚀靶的表面要求得那样高。这是因为：当激光进入空腔后在两个面上产生的 X 光和等离子体所造成的冲击波的多次来回反射，使压缩进行得很均匀。而在销蚀型时由激光直接驱动，很容易产生不均匀。

当激光由小孔射入炮球靶时，外球壳内表面的性质将决定产物即 X 光及等离子体的性质。若内表面是轻物质，如塑料、铍等，照射后的主要产物将只是产生"热"等离子体趋向靶核，最终聚焦到中心。反之，若是重物质，如金、钨等，那就会产生大量的软 X 射线（千电子伏以下）和等离子体。这些 X 光在腔内来回反射，使空间各向同性，这对于向心压缩，极为有利。这点是非常重要的，也许将来激光惯性约束的最后成功是依靠这个作用的。

● "快点火"方案

不管是销蚀靶还是黑洞靶，都是通过激光（销蚀靶）或激光产生的 x 光等其他辐射（黑洞靶）对氘氚靶丸的均匀向心压缩、加热而产生的中心热斑来实现点火。能不能有其他更有力的设计呢？

有人提出了"快点火"的技术方案，即在聚变燃料被均匀压缩到最大密度时，将一束超短脉冲（脉冲时间约 10^{-11} 秒）强激光（光强＞每平方厘米 10^{20} 瓦）聚焦在靶丸表面，在靶丸与等离子体的界面上"打洞"，并将界面压向靶芯的高密核。在这个过程中产生的大量的百万电子伏能量级的超热电子，穿透界面射入高密核，使离子温度迅速升温至 5～10 千电子伏的高温，实现了快速点火。"快点火"聚变可以分这样几个过程：

第一步，用纳秒（10^{-9} 秒）级长脉冲激光束对充满氘、氚气体的靶丸进行高度对称的压缩，压缩后的靶丸中心的

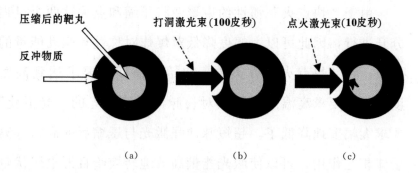

快点火示意图

氘、氚气体的密度将达到其固体密度的 1000 倍以上（＞每立方厘米 300 克）；第二步，用一束脉冲宽度约为 100 皮秒（10^{-12}秒）、聚焦光强为每平方厘米 10^{18} 瓦的激光辐照压缩后的高密靶丸，这束聚焦的激光会将靶丸的界面进一步压向中心，在高密靶丸上打出一个"洞"来。紧接着，第三步，用一束脉宽为 10 皮秒左右、聚焦光强为每平方厘米 10^{20} 瓦的激光对靶芯部分进行快速点火，点火的激光束与靶芯的大密度梯度的高密等离子体相互作用，产生大量能量为百万电子伏量级的超热电子，超热电子流穿入高度压缩的靶丸并淀积在靶芯处的燃料中，靶芯附近燃料的局部温度迅速上升到点火温度，从而实现靶丸的"快点火"。这三步骤在图中用（a）、（b）、（c）示意。

实际上，正如图（b）所示，"快点火"方案中的第二步中所用的 100 皮秒的激光脉冲与第三步中用的 10 皮秒激光脉冲，在实验中是一个整形后的激光脉冲。这个激光脉冲由一个 100 皮秒的前沿和一个 10 皮秒的尖峰组成，使用这种整形后的激光脉冲可以大幅度地降低实验难度。

由于"快点火"惯性约束聚变将压缩和点火这两个过程分开进行，因此可以大幅度降低对爆炸对称性和驱动能量的要求。在"快点火"方案中，初始压缩期仅要求达到高密度，并不要求高温度，所以对长脉冲压缩激光的"光滑化"要求大幅度地降低了。超短脉冲强激光与压缩后的高密等离子体相互作用，可以使激光能量高效地转换给百万电子伏量级的超热电子，并进而高效地加热靶芯，实现点火，所以可以大幅度地降低对驱动能量的要求。目前的理论计算表明，"快点火"方案仅需要 10 万焦耳的激光能量就可以实现高增益的核聚变，比传统的中心点火方案对激光能量的需求低10 倍。

当然，"快点火"方案目前还有许多物理问题和技术问题有待探讨和解决，但这是很值得研究的方向，我国的激光核聚变高技术发展计划也对"快点火"方案给予了很高的重视，有关研究项目已经启动。

● 小靶丸聚变热机

若要以小靶丸聚爆的形式将能量输出，靶丸必须是一个接着一个地爆炸，这与内燃机输出能量有很相似的过程，如下面图所示。每输入一个靶丸相当于给内燃机加一次燃料。过程可以分成如下四个环节：

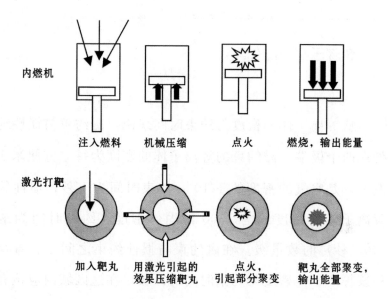

内燃机　　　　注入燃料　　机械压缩　　点火　　燃烧，输出能量

激光打靶　　　加入靶丸　　用激光引起的　　点火，　　靶丸全部聚变，
　　　　　　　　　　　　　效果压缩靶丸　引起部分聚变　输出能量

小靶丸聚变热机与内燃机的比较

（1）放入氘氚靶丸。

（2）用激光均匀照射靶丸，迅速加热表面。靶丸表面物质向外喷射，形成的反冲压力将靶丸向心压缩，反冲推力可达到航天飞机的反冲力的 100 倍。

（3）点火，点火一般是在靶中心出现，激光的焦点聚集在中心，靶心材料被压缩到 20 倍铅密度，温度升高至 10^8 摄氏度以上即完成靶心的点火，发生聚变反应。

（4）燃烧，发生热核反应并迅速扩展到整个靶丸，放出聚变能量。

有人计算过，如果小球内装有 5 毫克的氘氚燃料，若 1 秒内有 5～6 次爆炸，就可以制造 10^9 瓦的聚变电站。

●磁压缩与磁化靶

从等离子体的密度与约束时间来说，磁约束与惯性约束处在两个极端。磁约束的等离子体的密度为每立方厘米 10^{14} 左右，是空气的密度的 $1/10^5$，约束时间为 1 秒；惯性约束等离子体的密度约为 1000 倍固体密度，约束时间为纳秒（10^{-9} 秒）的数量级。在磁约束与惯性约束之间，有着很大一段等离子体密度与约束时间的区域，在这区域内应该有发生核聚变的可能性存在，美国的 MTF 以及俄国的 MAGO 就在这方面进行探索。其思路就是把磁约束与惯性约束结合起来，取两者之长，克服两者之短。具体的做法大致上是这样，在靶丸外加上一个金属壳，通上电流产生一个磁场，并且通过这个壳层给靶丸以预热。靶丸由密度较大的氘—氚气体做成，仍然用驱动器驱动靶丸，使之发生内爆与点火。由于磁场的存在并且有预热机制，可以在内爆过程中大大减少能量因热传导的损失，可以大大减低对驱动器功率的要求。又由于应用的等离子体的密度比磁约束大得多，聚变反应的速率是与等离子体的密度平方成正比的，MTF 比磁约束的密度大，反应速度可以比磁约束大好几个数量级。所有等离子体的特征长度随着密度的增大而减小，因此在高密度下系统的大小可以比磁约束小得多。这是研究聚变很诱人的一个领域，当然需要研究的理论以及实验工作还很多很多。

　　要成功地建成一个核聚变反应堆，还有很多问题需要人们去深入研究。各种性能的激光驱动器需要去研究制造，各种各样的靶丸需要去研究设计；很多非常态的理论问题，如激光—等离子体的耦合理论、空腔物理、聚爆物理、能量输运等问题都需要人们去深入研究。

　　人类聚居在小小的地球上，从直立行走起，就用自己的一天比一天灵巧的双手，和一天比一天聪明的脑子，为了自己的生存和自然作斗争。在没有科学的古代，人们就有了要控制太阳的大无畏精神。在科学已经发达到今天，大能大到了解宇宙，小能小到了解基本粒子的内部，全世界的聪明科学家联合起来，人造小太阳一定会在地球上制造成功。